KB110687

산업안전기사
산업기사
암기비법

산업안전기사 산업기사 암기비법

발행일	2022년 11월 3일		
지은이	박상욱		
펴낸이	손형국		
펴낸곳	(주)북랩		
편집인	선일영	편집	정두철, 배진용, 김현아, 류휘석, 김가람
디자인	이현수, 김민하, 김영주, 안유경	제작	박기성, 황동현, 구성우, 권태련
마케팅	김회란, 박진관		
출판등록	2004. 12. 1(제2012-000051호)		
주소	서울특별시 금천구 가산디지털 1로 168, 우림라이온스밸리 B동 B113~114호, C동 B101호		
홈페이지	www.book.co.kr		
전화번호	(02)2026-5777	팩스	(02)3159-9637

ISBN 979-11-6836-550-6 13500 (종이책)

산업안전기사 산업기사 암기비법

박상욱 지음

북랩

머리말

實

몇 해 전, 산업안전기사 필기시험을 줄기차게 떨어져서,
청와대 민원까지 보냈다고 울분을 터뜨리는 지인(知人)이 있었다.

책이 생각보다 많이 두껍고, 방대한 암기량이
일반 사람들에게도 쉽지 않은 시험이라고 느껴졌었다.

實

중학교 1학년 때였다.
당시 학교 성적이 자꾸 떨어지자,
부모님은 그때 TV에서
엄청난 기억력으로 명성을 떨치던
이강백 원장의 대한두뇌개발연구원
(국도극장 근처)으로 날 데리고 가셨다.

業務·學習능률을 높인다

刺戟등 4개 基本原理로 記憶강화

5~10字식 묶어서 目讀해야 빨라

무조건 외우는것은 精神健康 해쳐

학원에서는 여러 가지 기억법을 가르쳤지만,
그곳에서 가장 역점을 두어 주로 강의한 것은
그림과 스토리텔링을 통한 연상 기억법이었다.

사람들이 영어단어는 잘 기억하지 못해도
드라마는 잘 기억하는 것은
바로 그림과 스토리텔링이 있기 때문이다.

★ 스토리텔링 기억법 :

'인형, 의자, 깃발' 이 세 단어를 기억하기로 하자.
'인형, 의자, 깃발'을 여러 번 되뇌는 것보다
스토리를 만들어 기억하면 오래 기억할 수 있다.
즉, "인형이 의자에 앉아서 깃발을 흔들고 있다." 하는 식으로
세 단어가 서로 인과관계로 이어지도록 스토리를 만드는 것이다.

★ 해마 학습법 :

해마(기억을 담당하는 뇌)가 좋아하도록, 정보를 가공해 보자.
그림(시각화)으로 만들거나 새로운 의미를 부여하는 것이다.
'거룻배, 운송선'을 영어로 'barge [바지]'라고 한다.
'운송선 돛에 바지(새로운 의미 부여)를 걸어 놓았다'라고 생각하며,
이 장면을 연상(시각화)해 보자.
이런 방식으로 기억해 두면
나중에 barge라는 단어를 볼 때, 'barge = 운송선'이라고 떠오른다.

★ 뇌영상 기억법 :

뇌영상 기억법의 기본은 9개의 기억방을 만드는 것이다.
가로 3개, 세로 3개의 기억방을 만들고,
그 안에 외워야 할 내용을 그림으로 넣어두면 된다.
그런데 네모난 칸 9개로는
외우기가 쉽지 않다.
그림이 있어야 한다.
따라서 9개의 장소를 정하고,
그 장소에 기억할 내용을
그림으로 넣는다.

實

이 책은 원래 전반부 '용어 해설집'과 후반부 '암기비법'이 합쳐진 책이었으나,
책 분량이 생각보다 넘침에 따라, 후반부 '암기비법'을 따로 먼저 내게 되었다.

마지막으로
힘겹게 산업안전기사 자격증을 딴 후, 건설현장에서 맹활약 중인 김병식과
산업현장에서 고생하고 있을 정금철,
동우화인켐에서 근무하는 김경필,
그리고 이 책이 나오기까지 힘써주신 북랩 여러분들과 기쁨을 함께하고 싶다.

찬바람이 불어오는 초가을의 동터오는 새벽에

박상욱

차례

ㄴ

ㄷ

ㄹ

ㅁ

ㅂ

ㅅ

ㅇ

ㅈ

ㅊ

ㅋ

ㅌ

ㅍ

ㅎ

1

A

가스 장치실의 설치조건(설치기준) 암기방법

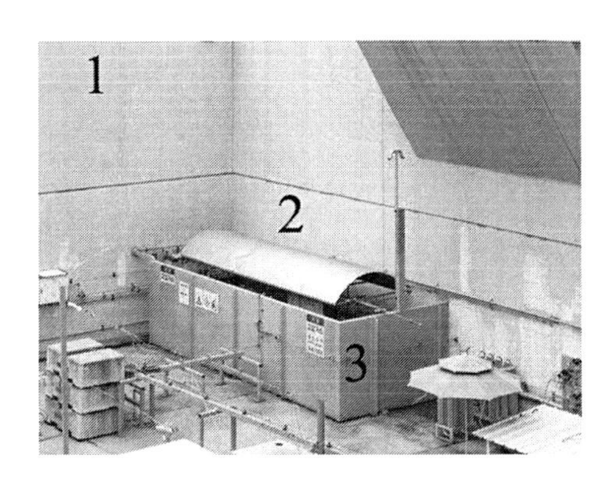

1. 가스가 누출되어도 그 가스가 정체되지 않도록 해야 한다.
2. 지붕과 천장에는 '가벼운' 불연성 재료를 사용해야 한다.
3. 벽에는 불연성 재료를 사용해야 한다.

★ '정체 - 지붕/천장 - 벽' 순으로 암기한다.

★ 불연성(不燃性) : 불에 타지 않는 성질

☞ 산업안전산업기사 필답형 2021년 4월 25일 시험문제

☞ 산업안전기사 필답형 2018년 6월 30일 시험문제

☞ 산업안전기사 필답형 2021년 10월 16일 시험문제

가스집합 용접장치의 배관을 하는 경우 준수하여야 할 사항

플랜지

개스킷(가스켓)

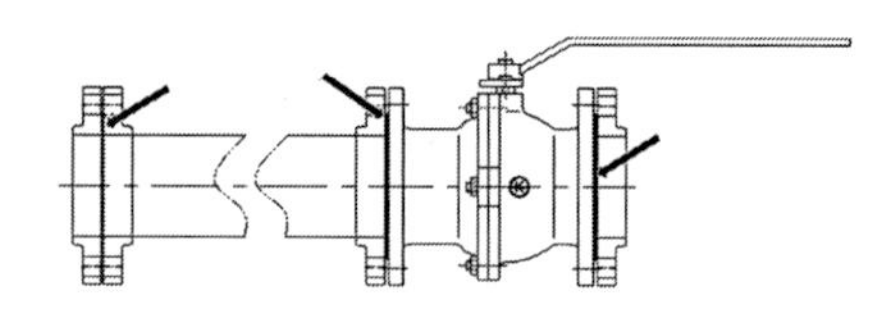

콕, 개스킷

1.
플랜지, 밸브, 콕 등의 접합부에는 개스킷을 사용하고,
접합면을 상호 밀착시키는 등의 조치를 할 것.

역화 방지기

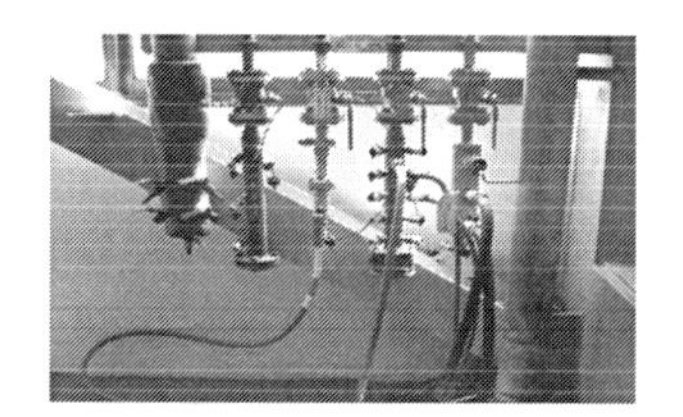

가스 집합시설

가스 집합시설 건물

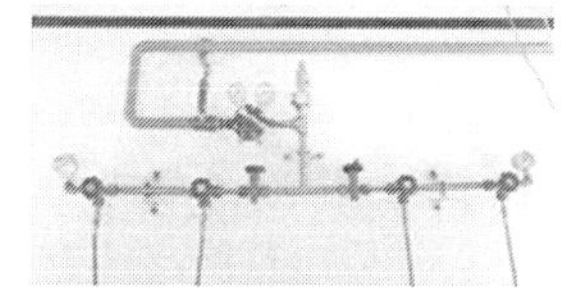

Ar 가스집합시설

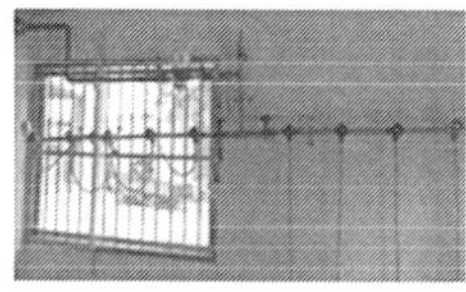

Co2 가스집합시설

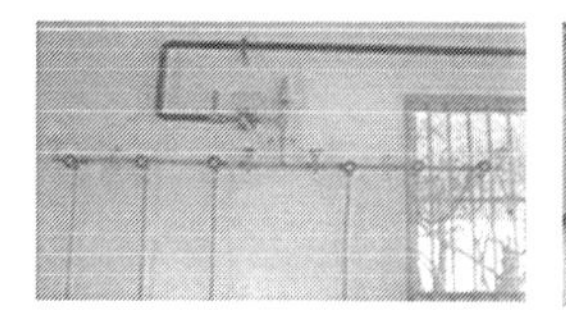

O2 가스집합 시설

O2 & AC 실습장

▪ 역화 방지기 설치 예

수봉식

주관 설치예

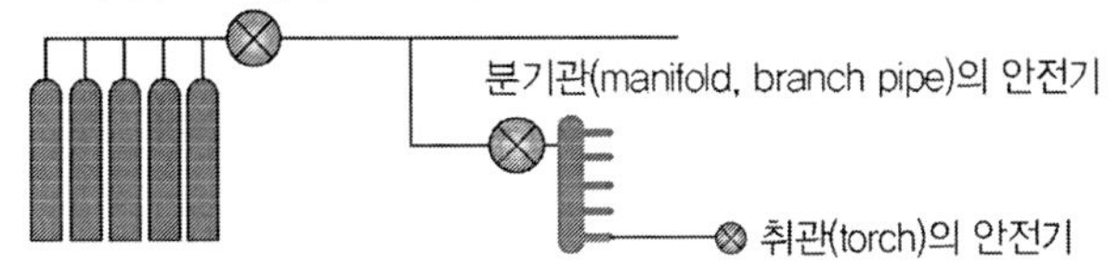

2.
주관 및 분기관에는 안전기를 설치할 것.
이 경우 하나의 취관에 2개 이상의 안전기를 설치할 것.

★ 배관(配管) :
기체나 액체 등을 다른 곳으로 보내기 위하여 관을 이어 배치함. 또는 그 관.

★ 안전기 = 역화 방지기

☞ 산업안전기사 작업형 2020년 3회 1부 시험문제

가이드 워드(유인어)의 의미 암기방법

1. As Well as : 성질상의 증가
2. Part of : 일부 변경, 성질상의 감소
3. Other Than : 완전 대체
4. Reverse : 설계 의도의 논리적인 역

★ 여자에게 잘해주면(1) 성질이 더 증가한다.

★ 화투칠 때 파토(2)를 내면,
사람들이 성질을 감소하고 규칙을 일부 변경해 준다.

★ 사업자금을 얻어 대주면(3), 사무실을 새것으로 완전히 대체한다.

★ 리복은 설계에 문제가 있어서 논리적인 반대로(리버스 4) 만들어야 한다.
(리복 : 유명 메이커 운동화)

☞ 산업안전기사 필답형 2012년 7월 8일 시험문제

☞ 산업안전기사 필답형 2012년 7월 8일 시험문제

☞ 산업안전기사 필답형 2019년 6월 29일 시험문제

가죽제 안전화의 (뒷굽 높이를 제외한) 몸통 높이

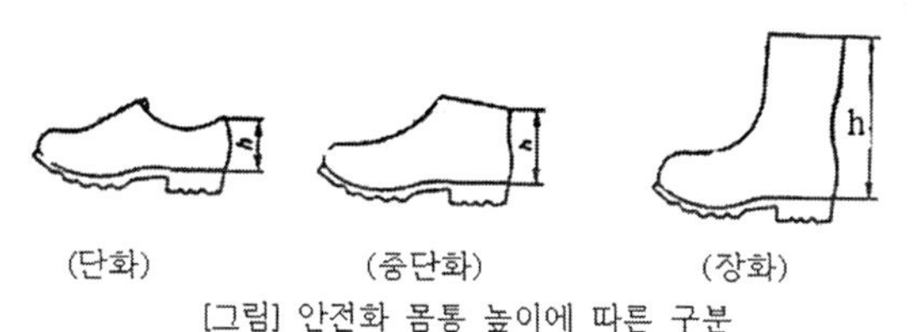

(단화) (중단화) (장화)

[그림] 안전화 몸통 높이에 따른 구분

〈표〉 안전화 몸통 높이에 따른 구분

단위 :㎜

몸통 높이(h)		
단화	중단화	장화
113 미만	113 이상	178 이상

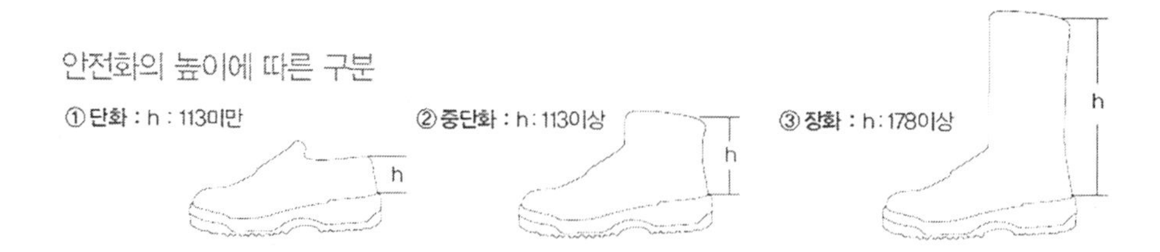

몸통 높이란

몸통 뒤의 가장 높은 지점과
안창의 뒤끝 위쪽면 사이의 수직거리를 말한다.

☞ 산업안전기사 작업형 2018년 3회 1부 시험문제

가죽제 안전화의 성능시험 종류 - 안전인증 대상

1. 내충격성 시험
2. 내답발성 시험
3. 내유성 시험
4. 내부식성 시험
5. 내압박성 시험
6. 박리저항 시험

★
가죽제 안전화로 충답(충남 1, 2)에서 만든
유부(3, 4)를 압박(5, 6)해라!
(유부 : 두부를 얇게 썰어 기름에 튀긴 음식)

★ '박리저항 시험'만 앞에 '내(耐)'자가 안 붙는다.

☞ 산업안전산업기사 필답형 2015년 4월 18일 시험문제
☞ 산업안전산업기사 필답형 2021년 4월 25일 시험문제
☞ 산업안전기사 필답형 2019년 10월 12일 시험문제
☞ 산업안전기사 작업형 2013년 2회 3부 시험문제

 각종 공식기호(그리스 문자) 읽는 법

그리스문자

대문자	소문자	명칭		대문자	소문자	명칭	
Α	α	alpha	알파	Ν	ν	nu	뉴
Β	β	beta	베타	Ξ	ξ	xi	크사이
Γ	γ	gamma	감마	Ο	ο	omicron	오미크론
Δ	δ	delta	델타	Π	π	pi	파이
Ε	ε	epsilon	엡실론	Ρ	ρ	rho	로
Ζ	ζ	zeta	제타	Σ	σ	sigma	시그마
Η	η	eta	에타	Τ	τ	tau	타우
Θ	θ	theta	세타	Υ	υ	upsilon	입실론
Ι	ι	iota	요타	Φ	φ	phi	파이
Κ	κ	kappa	카파	Χ	χ	chi	카이
Λ	λ	lambda	람다	Ψ	ψ	psi	프사이
Μ	μ	mu	뮤	Ω	ω	omega	오메가

갠트리 크레인의 안전공간

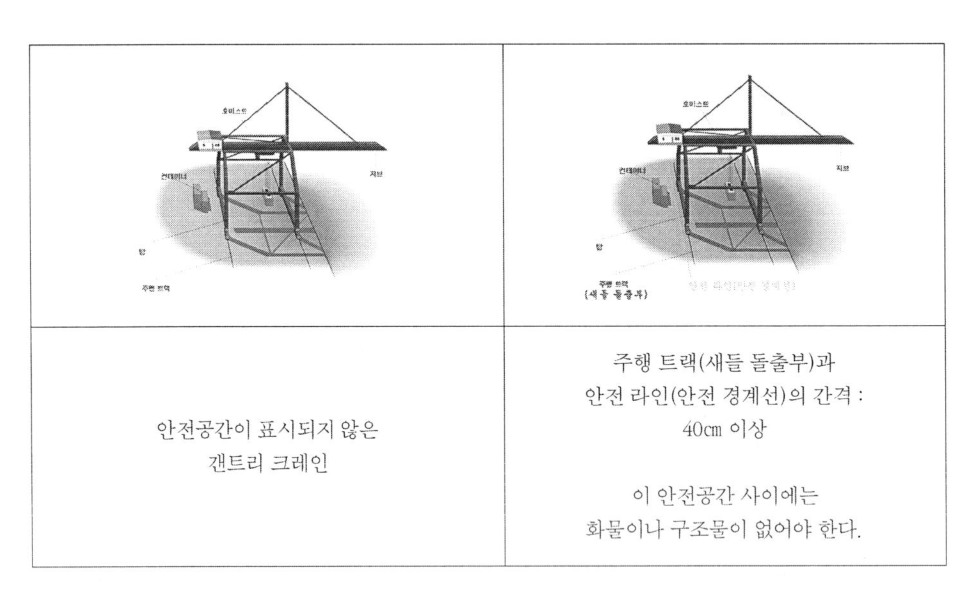

안전공간이 표시되지 않은 갠트리 크레인	주행 트랙(새들 돌출부)과 안전 라인(안전 경계선)의 간격 : 40㎝ 이상 이 안전공간 사이에는 화물이나 구조물이 없어야 한다.

★ '새들 - 사십'으로 암기한다(같은 'ㅅ'자임).

산업안전기사 필답형 2012년 10월 14일 시험문제

갱폼 설치작업 시 불안전한 상태와 가이데릭 설치 시 고정방법

1. 갱폼의 불안전한 상태
   ① 버팀대가 미끄러질 우려가 있다.
   ② 갱폼의 하부만 고정해, 갱폼이 무너질 위험이 있다.
   ③ 갱폼의 하부를 철사로 고정하여, 끊어질 우려가 있다.

2. 가이데릭 설치 시 고정방법 : 와이어로프로 결속한다.

산업안전산업기사 작업형 2013년 2회 1부 시험문제

건물 해체작업 시 작성해야 하는 해체계획 포함사항

1. 해체물 처분계획

2. 사업장 내 연락방법

3. 해체방법·해체순서 도면

★ 암기방법 :

먼저 해체물 처분계획(1)을 세운 다음,
사업장 내 관계자들에게 연락해(2) 모이게 한다.
그 다음 해체방법과 해체순서를 담은 도면(3)을 만든다.

★ '해체물 - 연락 - 도면' 순으로 암기한다(해 연 도).

★ 도면(圖面)은 그림을 말하므로,
방법·순서를 기록한 계획서가 정확한 표현이다.

★ 추가 암기가 가능하면, 나머지를 암기한다.

4. 해체작업용 화약류 등의 사용계획서
5. 해체작업용 기계·기구 등의 작업계획서
6. 가설설비, 방호설비, 살수, 방화설비 등 설비방법

산업안전산업기사 작업형 2013년 1회 1부 시험문제
산업안전산업기사 작업형 2014년 3회 1부 시험문제

건설작업용 리프트의 작업시작 전 점검사항 암기방법

1. 와이어로프가 통하고 있는 곳의 상태
2. 방호장치, 브레이크, 클러치의 기능

★ 크레인, 이동식 크레인처럼 '권과 방지장치'가 아니라
'방호장치'임에 유의할 것(방 브 클).

★ 곤돌라, 리프트는 작업자가 탑승하는 경우가 많으므로
'권과 방지장치'가 아니라
'방호장치'가 사전 점검사항으로 되어 있다.

☞ 산업안전기사 작업형 2013년 3회 2부 시험문제

☞ 산업안전기사 작업형 2020년 3회 3부 시험문제

경사 컨베이어 작업의 문제점(재해요인)과 조치사항

롤러 컨베이어를 사용해 무거운 물체를 단거리 이동 한다.

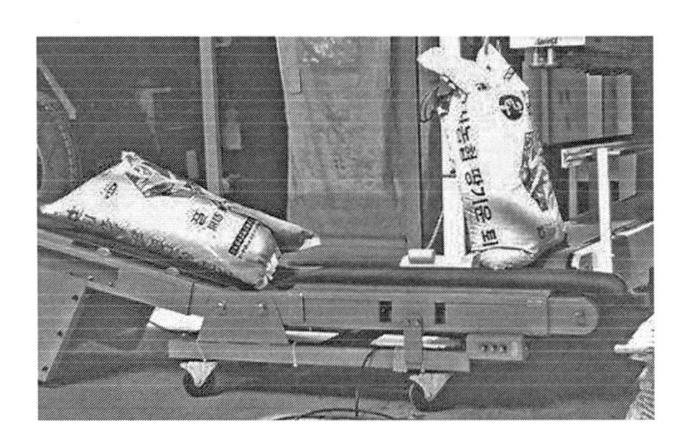

두 명의 작업자가 작동 중인 경사 컨베이어에서
포대를 컨베이어 위로 올리는 작업을 하고 있다.
위에 있는 작업자는 컨베이어 양쪽 끝부분에 올라서서
포대를 받을 준비를 하고 있으며,
다른 작업자는 컨베이어 아래에서 포대를 올려주고 있다.
컨베이어 위에 서 있던 작업자의 발이 포대에 맞아 넘어지며,
작업자의 팔이 컨베이어에 끼이는 사고가 발생하였다.

1. 작업자 측면의 문제점(재해요인)

① 컨베이어 전원을 차단하지 않고 작업했다.
② 안전한 작업발판을 확보하지 않고,
작동 중인 컨베이어 위에서 작업했다.

2. 사고 시 조치사항

비상 정지장치를 조작하여, 컨베이어 운전을 정지시킨다.

★

①번에 대한 해설 :

1)

운반물이 끝부분에 도달하면, 그때마다 전원을 off한 후에
컨베이어 내의 운반물을 하역 및 운반한다.

2)

컨베이어 가동 중 운반물 하역이 불가피할 경우,
작업발판과 같은 안전한 작업구역을 확보하여
그 구역 내에서만 작업한다.
구동부, 벨트 주변에서 작업하지 않는다.

☞ 산업안전기사 작업형 2017년 1회 3부 시험문제

☞ 산업안전기사 작업형 2020년 4회 1부 시험문제

고무제 안전화의 사용장소에 따른 종류

구분	사용장소
일반용	일반 작업장
내유용	탄화수소류의 윤활유 등을 취급하는 작업장

★ '고무신 신은 사람들은 항상 일을 낸다.'로 암기한다.

★ 내유용 : 기름, 석유류, 윤활유에 견디는 성질의 용도
탄화수소류 : 석유류

☞ 산업안전산업기사 작업형 2014년 3회 1부 시험문제

☞ 산업안전산업기사 작업형 2017년 1회 1부 시험문제

고소 작업대의 작업 시 작업자의 안전작업 준수사항

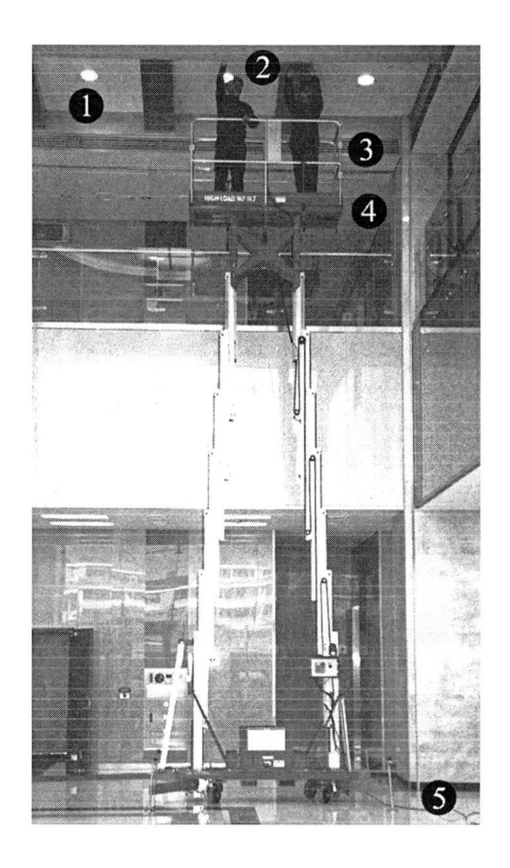

1. 안전한 작업을 위하여, 적정 수준의 조도를 유지할 것.
2. 작업자는 안전모, 안전대 등의 보호구를 착용하도록 할 것.
3. 작업대의 붐대를 상승시킨 상태에서,
   탑승자는 작업대를 벗어나지 말 것.
4. 작업대는 정격하중을 초과하여, 물건을 싣거나 탑승하지 말 것.
5. 관계자 외의 사람이 작업구역 내에 들어오지 않도록,
   필요한 조치를 할 것.

★ 조도(照度) : 단위 면적이 단위 시간에 받는 빛의 양.

산업안전기사 작업형 2019년 3회 2부 시험문제

고소 작업대의 작업시작 전 점검사항 암기방법

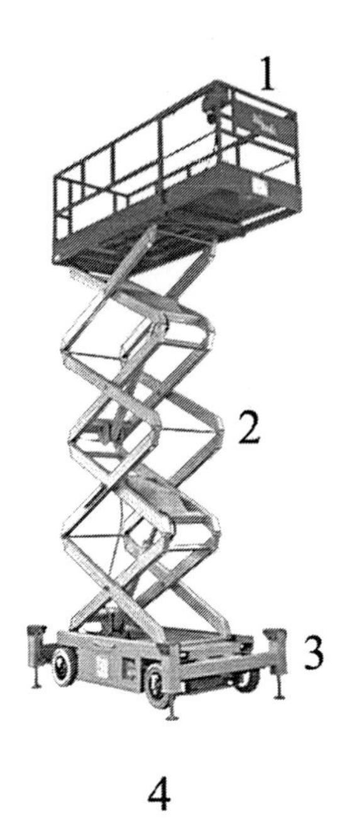

1. 비상 정지장치 및 비상하강 방지장치의 이상 유무
2. 과부하 방지장치의 작동 유무
   ('와이어로프' 또는 '체인' 구동방식의 경우)
3. 아웃트리거 또는 바퀴의 이상 유무
4. 작업면의 기울기 또는 요철 유무

★ **하강(下降)** : 높은 곳에서 아래로 향하여 내려옴.
아웃트리거 : 지지하거나 수평을 유지하도록 하는 장치.
요철(凹凸) : 오목함과 볼록함.

☞ 건설안전기사 기출문제에는 나왔으나,
산업안전기사/산업안전 산업기사에는 아직까지 출제된 적이 없음.

고소 작업대의 종류

1. 시저형(상승형) :

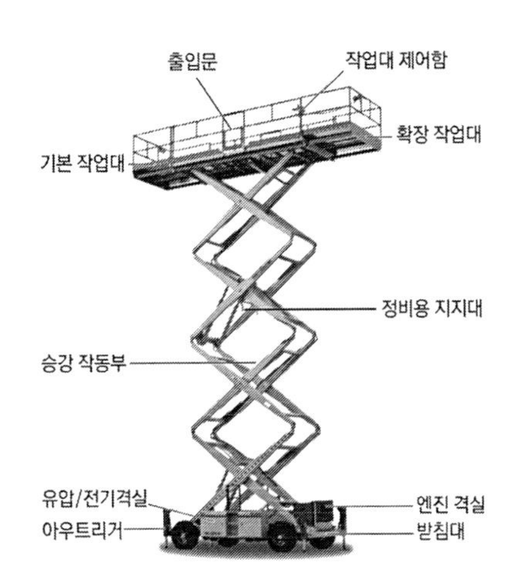

시저형(Scissor)이란
작업대가 시저장치에 의해서
수직으로 승강하는 형태로서,
작업대에 작업자를 탑승시킨 상태에서
시저형 구조물을 상승시켜
천장 배관, 전등 설치 등에 사용한다.

※ 일명 '렌탈 장비' 혹은 '테이블 리프트' 등은 잘못된 용어 사용임.

2. 붐형(일자형) :

붐(Boom)형이란
작업대를 연결하는 지브굴절
혹은 신축되는 형태로서,
작업대에 작업자를 탑승시킨 상태에서
지브를 상승시켜,
선박의 선측 등 높이가 2m 이상인 장소에서,
도장, 용접, 사상 등의 작업을 하는 장비로
주로 조선소에서 사용된다.

붐 = 붐대 (O)
붐 = 작업대 (X)

3. 붐형(꺾임형) :

4. 유압형 :

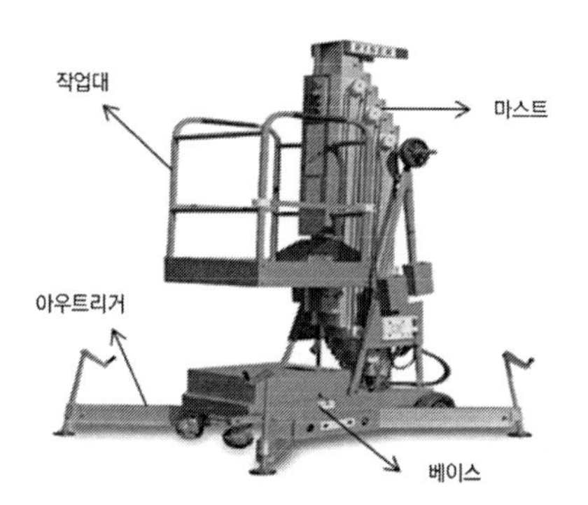

고장률(λ) 암기방법

$$고장률(\lambda) = \frac{고장\ 건수}{총\ 가동시간}\ (건/시간)$$

★ '고장률 = 고/가'로 암기할 것.
(고가도로에서는 고장률이 높다)

★ 기호 λ는 '람다'라고 읽는다.
'고장률'은 시험문제에서는 '고장 발생확률'로 나올 수 있다.

★ 고장률은 기출문제를 푸는 경우가 많이 없기 때문에
공식을 암기해도 나중에 까먹는 경우가 많다.

- **관련 예제 :** 어떤 기계가 10,000시간 가동하는 중에, 10건의 고장이 발생하였다. 고장률을 구하시오.

풀이 :

$$고장률(\lambda) = \frac{10}{10000} = 0.001(건/시간)$$

☞ 산업안전산업기사 필답형 2020년 10월 17일 시험문제

☞ 산업안전기사 필답형 2013년 7월 14일 시험문제

☞ 산업안전기사 필답형 2020년 5월 24일 시험문제

고장확률 평가기법 3가지 암기방법 - 복잡한 시스템의 신뢰도, 고장확률

1. 경로 추적법
2. 사상 공간법
3. 분해법

★ 고장난 사회는
경로(1)사상(2)이 갈기갈기 분해(3)된 사회이다.

☞ 산업안전기사 필답형 2014년 4월 20일 시험문제

고체들의 연소형태 암기방법

1. 목탄 : 표면 연소
2. 종이 : 분해 연소
3. 파라핀 : 증발 연소
4. 피크린산 : 자기 연소

★ 목탄은 불에 타면, 표면이 흰색으로 변한다.

★ 종이는 불에 타면, 찢어진 것처럼 분해된다.

★ 파라핀은 불에 타면, 파란 양초 연기로 증발한다.
(파라핀은 양초의 원료)

★ 피크린산은 불에 타면, 자기 스스로 피를 흘린다.

☞ 산업안전기사 필답형 2007년 1회차 시험문제

공기 압축기의 서징 현상 방지대책 암기방법

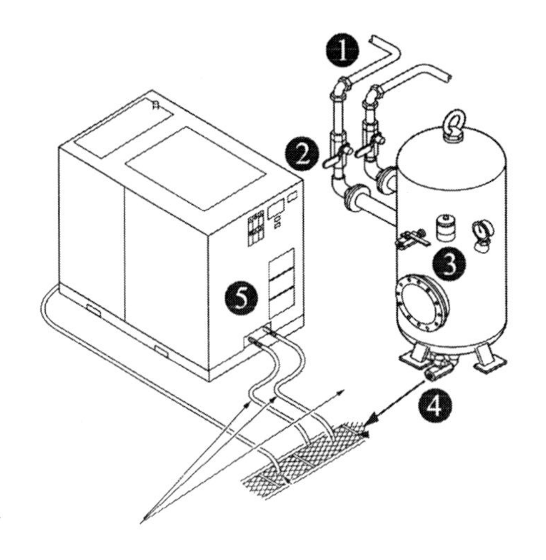

1. 배관 내의 경사를 완만하게 한다.
2. 조임 밸브를 압축기에 근접해서 설치한다.
3. 회전수를 조절한다.
4. 배관 내의 잔류공기를 방출한다.
5. 에어 챔버(Air Chamber)를 설치한다.

★ 서징 현상 방지대책을 쉽게 외우기 위한 용도이므로
실제 사진은 다를 수 있습니다.

★ 5개를 모두 외우기가 힘들면,
1번과 3번을 우선적으로 암기한다.

★ 서징 현상 :

송풍기와 압축기에서 토출 측 저항이 증가하면 풍량이 감소되고,
관로에 심한 공기의 맥동과 진동이 발생되어, 불안정 운전이 되는 현상.

☞ 산업안전산업기사 필답형 2016년 7월 12일 시험문제

공기 압축기의 작업시작 전 점검사항 암기방법

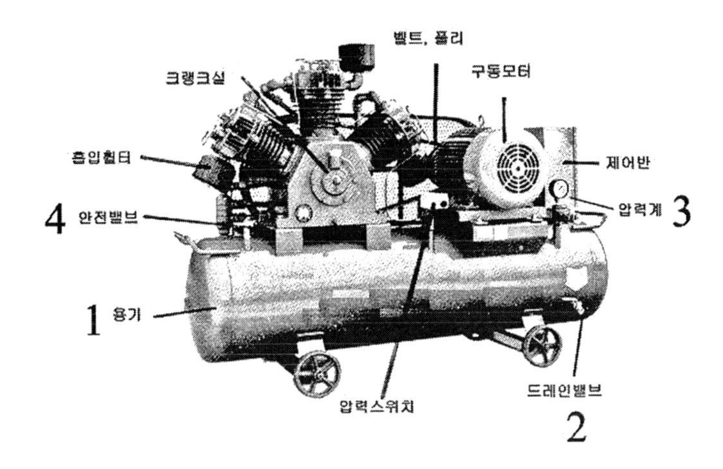

1. 공기저장 압력용기의 외관 상태
2. 드레인 밸브의 조작 및 배수
3. 압력 방출장치의 기능
4. 언로드 밸브의 기능

★ 공기 압축기의 실제 위치와 암기방법이 다소 차이가 날 수 있음.

★ 반시계 방향으로 암기한다.

★ drain [드레인] 물 등을 빼내다, 흘러나가다, 잔을 비우다
('드러워서 빼낸다'라고 암기할 것)

★ 언로드 밸브 = 무부하 밸브

☞ 산업안전산업기사 필답형 2017년 10월 19일 시험문제
☞ 산업안전산업기사 필답형 2018년 4월 14일 시험문제
☞ 산업안전산업기사 필답형 2018년 10월 6일 시험문제
☞ 산업안전기사 필답형 2016년 7월 12일 시험문제
☞ 산업안전기사 필답형 2019년 6월 29일 시험문제

공사용 가설도로 설치 시 준수사항 암기방법

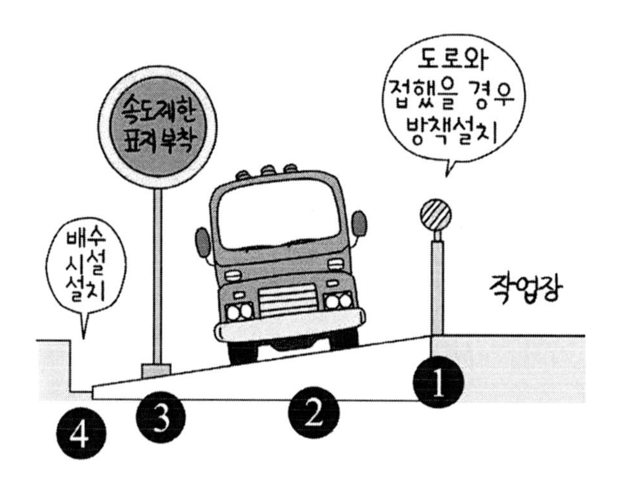

그림 만화로 보는 산업안전보건 기준에 관한 규칙

1.
도로와 작업장이 접하여 있을 경우에는 울타리 등을 설치할 것.
2.
도로는 장비 및 차량이 안전하게 운행할 수 있도록 견고하게 설치할 것.
3.
차량의 속도제한 표지를 부착할 것.
4.
도로는 배수를 위하여 경사지게 설치하거나, 배수시설을 설치할 것.

★ '울타리 → 견고 → 표지 → 배수' 순으로 외울 것.

★ 가설도로(假設道路) : 공사를 하기 위하여 임시로 내는 도로.

★ 배수(排水) :
안에 있거나 고여 있는 물을 밖으로 퍼내거나, 다른 곳으로 내보냄.

※ 복공판 사진을 이용한 암기방법

☞ 산업안전기사 필답형 2012년 7월 8일 시험문제

☞ 산업안전기사 필답형 2021년 4월 25일 시험문제

공정안전 보고서 제출대상 사업(사업장) 암기방법

1. 원유 정제 처리업
2. 기타 석유 정제물 재처리업
3. 화약 및 불꽃제품 제조업
4. 질소질 비료 제조업
5. 복합비료 제조업

★ 원석(1, 2)을 갈아서 화약(3), 비료(4, 5)를 만든다.
('원 석 화 비'로 암기할 것)

★ 중대 산업사고가 날 가능성이 높음(화재, 폭발, 중독, 질식 등 매우 위험함).

★ '시설'이 아닌 '산업'이라는 것에 유의할 것.

☞ 산업안전산업기사 필답형 2013년 10월 6일 시험문제

☞ 산업안전산업기사 필답형 2020년 5월 24일 시험문제

☞ 산업안전기사 필답형 2017년 7월 13일 시험문제

공정안전 보고서 제출 제외 대상 설비 암기방법
(유해 위험시설로 보지 않는 시설, 설비)

1. 원자력 설비
2. 군사 시설
3. 도매·소매 시설
4. 차량 등의 운송 설비

★ 유해하지 않으면, 안심하고 '원군(지원군) 도착'으로 암기할 것.

★ '공정안전 보고서 비제출 대상, 비유해 위험시설'이라고도 할 수 있다.
('사업'이 아닌 '설비/시설'이라는 것에 유의할 것)

☞ 산업안전기사 필답형 2011년 7월 24일 시험문제

☞ 산업안전기사 필답형 2018년 4월 14일 시험문제

공정안전 보고서 포함사항 4가지 암기방법

1. 공정 안전자료
2. 공정위험성 평가서
3. 안전운전 계획
4. 비상조치 계획

★ 공안(중국 경찰)들은 공위(무장공비 이름)가
안전운전을 안 해서 비상이 걸렸다. ('공공'끼리 서로 포함한다.)

★ '공 위 안 비'로 암기할 것.

★ '공 비 위 안'으로 암기해도 된다. (공비가 위안을 준다.)

☞ 산업안전산업기사 필답형 2015년 4월 18일 시험문제
☞ 산업안전산업기사 필답형 2017년 10월 19일 시험문제
☞ 산업안전산업기사 필답형 2021년 10월 16일 시험문제
☞ 산업안전기사 필답형 2014년 10월 5일 시험문제
☞ 산업안전기사 필답형 2016년 7월 12일 시험문제
☞ 산업안전기사 필답형 2017년 10월 19일 시험문제
☞ 산업안전기사 필답형 2021년 4월 25일 시험문제

광전자식 방호장치의 안전거리 - 쉽게 구하는 방법

모든 문제는 다음 공식으로 통일한다.
D(㎜) = 1600 × 초(second)
D = distance(거리)

- 문제 1 :
  프레스에 광전자식 방호장치가 설치되어 있다.
  신체 일부가 광선을 차단한 후,
  200㎳ 후에 슬라이드가 정지하였다면,
  광전자식 방호장치의 안전거리는 최소 몇 ㎜ 이상이어야 하는가?

계산 : $D(㎜) = 1600 \times \frac{200}{1000} = 320㎜$

★ $㎳ = \frac{1}{1000}$ 초

☞ 산업안전산업기사 필답형 2014년 4월 20일 시험문제
☞ 산업안전기사 필답형 2016년 4월 19일 시험문제
☞ 산업안전기사 필답형 2020년 7월 25일 시험문제

• **문제 2 :**

광전자식 방호장치를 설치한 프레스에서,
광선을 차단한 후, 0.3초 후에 슬라이드가 정지하였다.
이때 방호장치의 안전거리는 최소 몇 ㎜ 이상이어야 하는가?

계산 : D(㎜) = 1600 × 0.3 = 480㎜

• **문제 3 :**

완전 회전식 클러치 기구가 있는 프레스의 양수기동식 방호장치에서
'누름 버튼을 누를 때부터
사용하는 프레스의 슬라이드가
하사점에 도달할 때까지의' 소요 최대시간이 0.5초이면
안전거리는 몇 ㎜ 이상이어야 하는가?

계산 : D(㎜) = 1600 × 0.5 = 800㎜

교류아크 용접기에 자동전격 방지기를 설치하여야 하는 장소 암기방법

1. 추락의 위험이 있는 높이 2m의 장소로,
   철골 등 도전성이 높은 물체에 근로자가 접촉할 우려가 있는 장소.

2. 선박의 이중선체 내부, 밸러스트 탱크, 보일러 내부 등
   도전체에 둘러싸인 장소.

3. 근로자가 물, 땀 등으로 인하여,
   도전성이 높은 습윤상태에서 작업하는 장소.

★ 선박은 침몰을 막기 위해 '이중선체'를 사용함.
이중선체 내부 안에 '밸러스트 탱크' 있음.
밸러스트 탱크의 물을 끓이기 위해 '보일러' 있음.

★ **도전체(導電體)** : 전기가 잘 통하는 물질로, 주로 금속임.

★ 자동전격 방지기는
'금속'과 '물'이 있는 장소에 설치한다고 보면 된다.

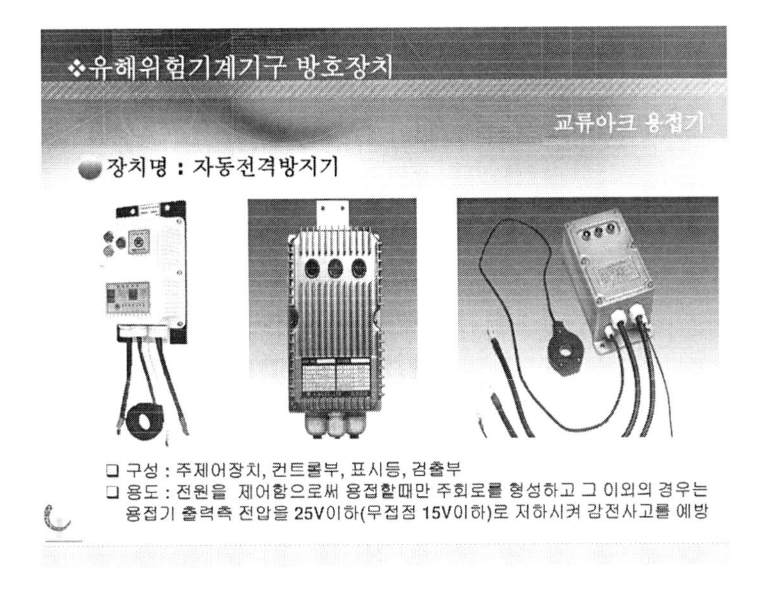

★ 밸러스트 탱크 :
선박 하단부의 무게중심을 위해, 바닷물을 담아두는 탱크.
(생태계 교란을 막기 위해, 물을 끓인 다음에 배출함)

산업안전산업기사 필답형 2020년 11월 29일 시험문제
산업안전산업기사 필답형 2021년 4월 25일 시험문제

교류아크 용접기의 사용 전 점검사항 암기방법

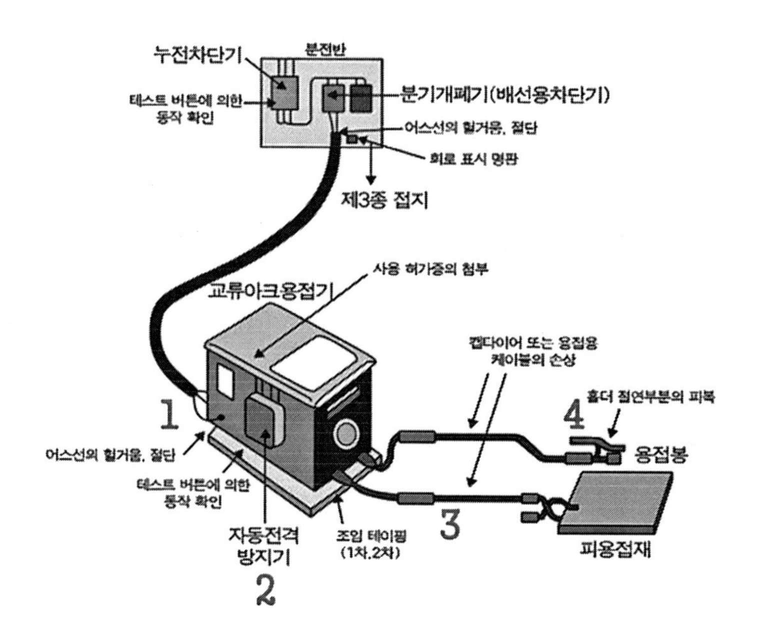

1. 용접기 외함(케이스)의 접지상태
2. 자동전격 방지기의 작동상태
3. 케이블(전선)의 피복 손상상태
4. 용접봉 홀더의 절연상태

★ 용접봉 홀더 = 용접봉 집게
('용접기 홀더'라고도 쓰이는데, 정확한 표현은 '용접봉 홀더'이다.)

☞ 산업안전산업기사 작업형 2014년 3회 2부 시험문제

구내 운반차의 작업 시 준수사항 암기방법

1. 경음기를 갖출 것.
2. 전조등, 후미등을 갖출 것.
3. 방향 지시기를 좌우에 1개씩 갖출 것.
   (운전석이 차 실내에 있는 경우)
4. 제동장치를 갖출 것.

★ 제동장치 = 브레이크

★ '제 전 후 방 경'으로 암기할 수도 있다.

★ 구내 운반차의 작업시작 전 점검사항

1. 제동장치 및 조종장치 기능의 이상 유무
2. 하역장치 및 유압장치 기능의 이상 유무
3. 바퀴의 이상 유무
4. 전조등, 후미등, 방향 지시기, 경음기 기능의 이상 유무(전후방경)

★ '작업 시 준수사항'과 '작업시작 전 점검사항'을 혼동하지 말 것.

산업안전산업기사 작업형 2019년 3회 1부 시험문제

산업안전기사 필기 2018년 1회 시험문제

국소 배기장치의 설치조건 암기방법

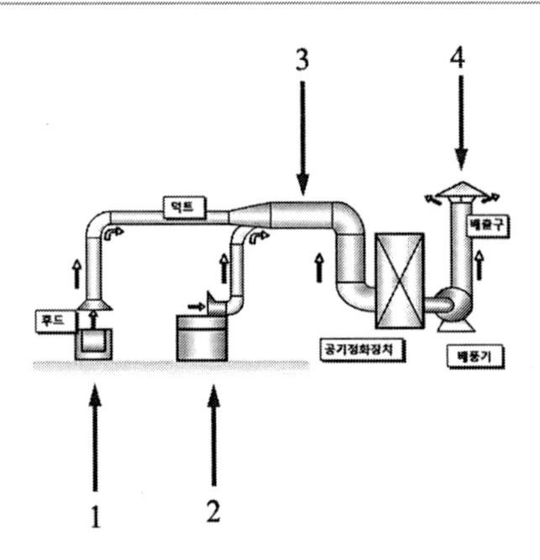

1. 후드는 유해물질 발산원마다 설치할 것.
2. 외부식, 리시버식 후드는 발산원에 가장 가까운 위치에 설치할 것.
3. 덕트의 길이는 짧게, 굴곡부 수는 적게 할 것.
4. 배기구는 옥외에 설치할 것.

★ '후드 - 외부식 - 덕트 - 배기구' 순으로 암기할 것.
(후 외 덕 배 : 애인과 헤어져서 후회하는 덕배)

후드 형식 및 종류

| 포위식(부스식) : 유해물질의 발생원을 전부 또는 부분적으로 포위하는 후드

포위형

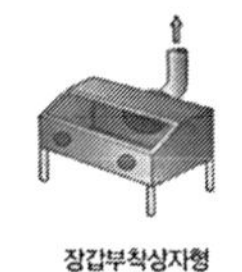
장갑부착상자형

드래프트 챔버형

건축부스형

| 외부식 : 유해물질의 발생원을 포위하지 않고 발생원 가까운 위치에 설치하는 후드

슬로트형　그리드형

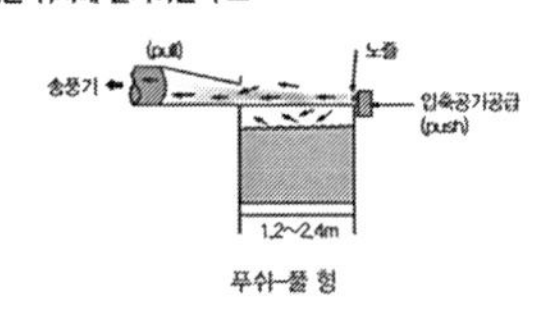

푸쉬-풀 형

| 레시버식 : 유해물질이 발생원에서 상승기류, 관성기류 등 일정방향의 흐름을 가지고 발생할 때 설치하는 후드

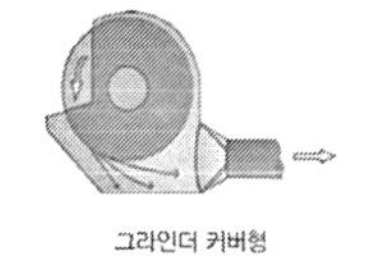
그라인더 커버형

캐노피형

★ 배기구 = 배출구 = 굴뚝

산업안전산업기사 작업형 2015년 1회 2부 시험문제

국소 배기장치의 후드 설치 시 준수사항

1. 후드는 유해물질 발산원마다 설치할 것.
2. 외부식, 리시버식 후드는 발산원에 가장 가까운 위치에 설치할 것.
3. 후드 형식은 가능하면 포위식 또는 부스식 후드를 설치할 것.
4. 해당 분진 등의 발산원을 제어할 수 있는 구조로 설치할 것.

★ '유해물질 → 외부/리시버 → 포위/부스 → 발산원' 순으로 암기할 것.
(유 외 포 발)

★ 제어할 수 있는 구조 : 유해물질 분진(먼지)을 모두 빨아들일 수 있는 구조

★ 1번은 '유해물질이 발생하는 곳마다 설치할 것'으로 대신해도 된다.

★ 1번과 2번은 '국소 배기장치의 설치조건'과 동일하다.

★ 외부식, 리시버식 - 안 좋음
포위식, 부스식 - 좋음

★ '포위식, 부스식'은 분진(먼지)이나 유해물질 등을
포위해서 끌어모으는 데 적합하다.

포위형 및 부스형 후드(Enclosing Hood)

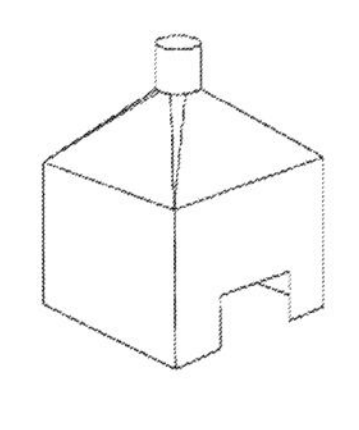

(포위형 후드)

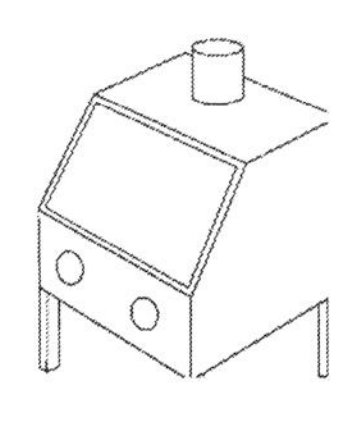

(글로브 박스형 후드)

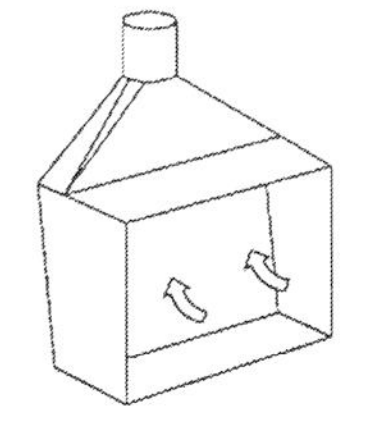

(부스형 후드)

⇒ 산업안전기사 필답형 2013년 10월 6일 시험문제
⇒ 산업안전기사 필답형 2021년 4월 25일 시험문제

(굴착면 높이가 2m 이상인) 지반의 굴착작업 시 작업계획서 포함사항

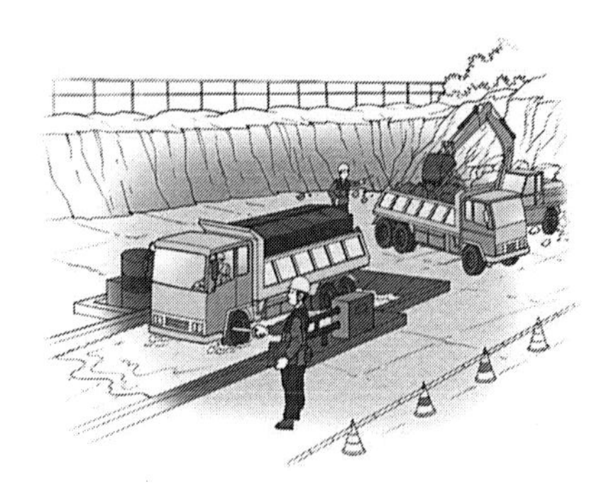

1. 작업 지휘자의 배치계획

2. 필요한 인원 및 장비 사용계획

3. 사업장 내 연락방법 및 신호방법

4. 매설물에 대한 이설·보호대책

그림 만화로 보는 산업안전보건 기준에 관한 규칙

★ '작업에 필요한 사업장 매설물'로 암기한다.
('작 필 사 매'로 암기해도 된다.)

★ 지반(地盤) : 땅의 표면
매설물(埋設物) : 땅속에 파묻어 설치한 물건
이설(移設) : 다른 곳으로 옮기어 설치함.

★ '굴착면 높이가 2m 이상'을 삭제한
'지반의 굴착작업 시, 작업계획서 포함사항'이 문제로 나오기도 한다.

★ '굴착작업 시, 작업계획서 작성항목'으로 나오기도 한다.

☞ 산업안전기사 필답형 2011년 10월 16일 시험문제

☞ 산업안전기사 필답형 2014년 10월 5일 시험문제

☞ 산업안전기사 필답형 2019년 4월 13일 시험문제

굴착면의 기울기 기준 - 개정 2021년 11월 19일

[별표 11] 굴착면의 기울기 기준(제388조제1항 관련) <개정 2021. 11. 19.>

구분	지반의 종류	기울기
보통흙	습지	1 : 1 ~ 1 : 1.5
	건지	1 : 0.5 ~ 1 : 1
암반	풍화암	1 : 1.0
	연암	1 : 1.0
	경암	1 : 0.5

산업안전보건기준에 관한 규칙 [별표 11] 굴착면의 기울기 기준(제388조제1항 관련) <개정 2021. 11. 19.>

(safetyhappy.tistory.com)

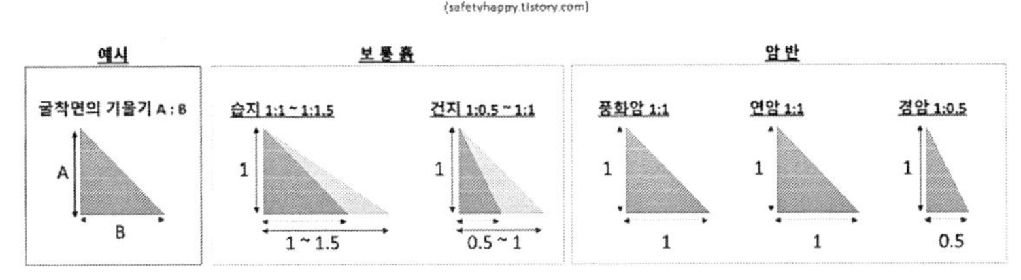

☞ 산업안전산업기사 필답형 2015년 4월 18일 시험문제

근로자가 접근하기 쉬운 장소에 설치해야 하는 위생시설 암기방법

1. 세면 시설
2. 목욕 시설
3. 탈의 시설
4. 세탁 시설

★ 근로자의 몸은 '세면'한 다음 '목욕'하고,
근로자의 옷은 '탈의'한 다음 '세탁'한다.

★ 세면(洗面) : 손이나 얼굴을 씻음.

☞ 산업안전기사 필답형 2014년 4월 20일 시험문제

〈근로자〉〈관리감독자〉〈채용 시 및 작업내용 변경 시〉〈특수형태 근로종사자〉 정기안전 보건교육/안전 보건교육/직무 교육 - 아주 쉽게 외우는 방법

산업안전보건법에 의한 사업 내 교육 중 채용 시의 교육 및 작업내용 변경 시의 교육내용 3가지를 적으시오. (단, 산업안전보건법령 및 일반관리에 관한 사항은 제외한다.) (6점)

[정답]
① 산업안전 및 사고 예방에 관한 사항
② 산업보건 및 직업병 예방에 관한 사항
③ 산업안전보건법령 및 산업재해보상보험 제도에 관한 사항
④ 직무스트레스 예방 및 관리에 관한 사항
⑤ 직장 내 괴롭힘, 고객의 폭언 등으로 인한 건강장해 예방 및 관리에 관한 사항
⑥ 기계·기구의 위험성과 작업의 순서 및 동선에 관한 사항
⑦ 작업 개시 전 점검에 관한 사항
⑧ 정리정돈 및 청소에 관한 사항
⑨ 사고 발생 시 긴급조치에 관한 사항
⑩ 물질안전보건자료에 관한 사항

구민사 실기 필답형 교재

1. 고객의 폭언, 직장 내 괴롭힘 등으로 인한 건강장해 예방 및 관리에 관한 사항 (외우기 쉽게, 순서를 바꿈)
2. 직무 스트레스 예방 및 관리에 관한 사항
3. 산업안전 및 사고 예방에 관한 사항
4. 산업보건 및 직업병 예방에 관한 사항

★ (고)(직)(안)(보)로 외움.

★ 〈근로자 직무교육〉, 〈관리감독자 직무교육〉,
〈채용 시 및 작업내용 변경 시 교육〉,
〈특수형태 근로종사자에 대한 안전보건교육 - 최초 노무제공 시 교육〉
4개가 모두 공통으로 같음.

★ 교육내용 뒤에 '~에 관한 사항'을 모두 적을 것.

★ '정기안전 보건교육'으로
'직무 내용(안전 직무, 업무)' 하고는 다르다는 것에 유의할 것.
(특히 관리감독자)

★ 정기 교육 = 정기안전 보건교육
신규 채용 시 교육 = 채용 시 및 작업내용 변경 시 교육
근로자 정기교육 = 근로자 직무교육

★ '직장 내 따돌림'이 아닌 '직장 내 괴롭힘'이라는 것에 유의할 것.
'건강 장애'가 아닌 '건강 장해'라는 것에 유의할 것.
'직장 스트레스'가 아닌 '직무 스트레스'라는 것에 유의할 것.

☞ 산업안전기사 필답형 2015년 7월 11일 시험문제
☞ 산업안전기사 필답형 2016년 10월 5일 시험문제
☞ 산업안전기사 필답형 2018년 4월 14일 시험문제
☞ 산업안전기사 필답형 2019년 10월 12일 시험문제
☞ 산업안전기사 필답형 2020년 10월 17일 시험문제
☞ 산업안전기사 필답형 2020년 11월 29일 시험문제
☞ 산업안전기사 필답형 2021년 4월 25일 시험문제
☞ 산업안전기사 필답형 2021년 7월 10일 시험문제

급정지 장치가 부착되어 있지 않은 프레스의 방호장치 암기방법

기사 사진

1. 손쳐내기식

2. 수인식

3. 게이트 가드식

4. 양수기동식(양수조작식 아님)

★ 급정지 장치가 없는 것은
'손수게양'할 수 있는 기동력이 있어야 한다.
(손수게양 : 스스로 높이 걸다.)

산업안전산업기사 작업형 2015년 3회 1부 시험문제

산업안전기사 작업형 2018년 2회 1부 시험문제

ㄱ

급정지 장치가 부착된 프레스의 방호장치 암기방법

1. 광전자식 방호장치
2. 양수조작식 방호장치

★ '광양' 제철소는 툭하면 급정지한다.
양손으로 조작해야 사고가 안 난다.

★ 슬라이드 작동 중, 정지가 가능한 구조로
급정지 장치를 가지고 있다.

★ 광전자식(감응식)은 센서가 감지를 한다.

• 문제 :
프레스의 안전거리 또는 정지성능에 영향을 받는 방호장치 2가지를 적으시오.

해답 :
① 양수조작식 방호장치(양손조작식 방호장치)
② 감응식 방호장치(광전자식 방호장치)

☞ 산업안전산업기사 필답형 2014년 4월 20일 시험문제

기계 설비의 고장유형 곡선 암기방법

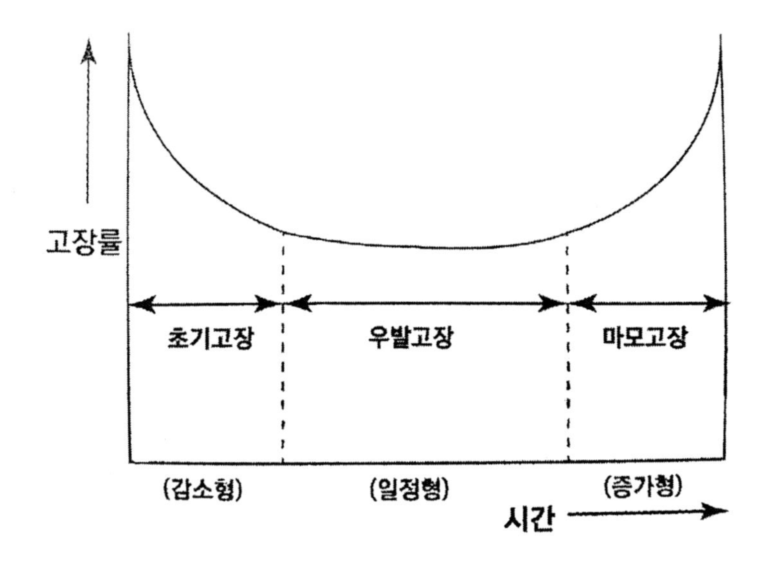

★ '고장률'과 '시간'은 ㄴ자 획수 순서대로
왼쪽부터 '고 시'로 외울 것.

★ '고장률'과 '초기 고장, 우발고장, 마모 고장'은
'높을 고(高)'이므로 상단부에 위치한다.

★ '초우마 감일증'으로 암기할 것.

☞ 산업안전산업기사 필답형 2021년 10월 16일 시험문제

 기계 설비의 설치에 있어, 시스템 안전 5단계 암기방법

1. 구상 단계
2. 사양 결정 단계
3. 설계 단계
4. 제작 단계
5. 조업 단계

★

기계 설비를 설치할 때는
먼저 어떤 기계를 설치할지 구상(1)하고,
공장 크기에 맞는 사양(2)을 결정한다.

사양이 최종 결정되었으면
설계도(3) 작업에 들어간다.

설계도를 바탕으로
기계 설비의 제작(4)을 시작하고
제작이 완료되었으면
조업(기계 조종작업 5)에 들어간다.

★

'구 사 설 제 조'로 암기해도 된다.
(앞 글자만 무조건 외우면, 나중에 생각이 안 날 수 있음)

★

'기계 설비를 94년 설날에 제조한다.'로 암기한다.

★

사양(仕樣) : 설계 구조

산업안전기사 필답형 2011년 5월 1일 시험문제

낙하물 방지망(or 방호 선반) 설치 암기방법

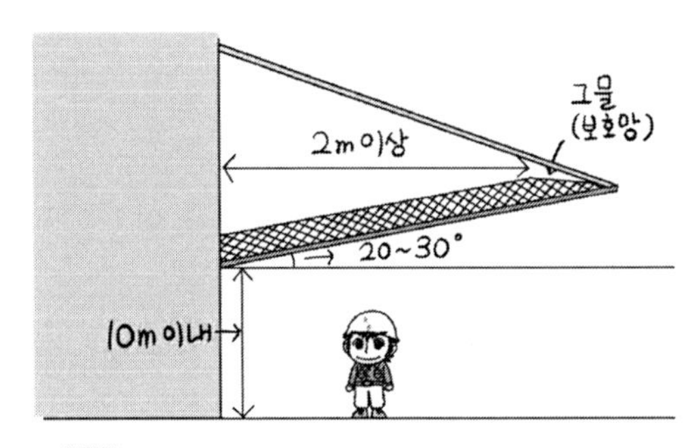

그림 만화로 보는 산업안전보건 기준에 관한 규칙

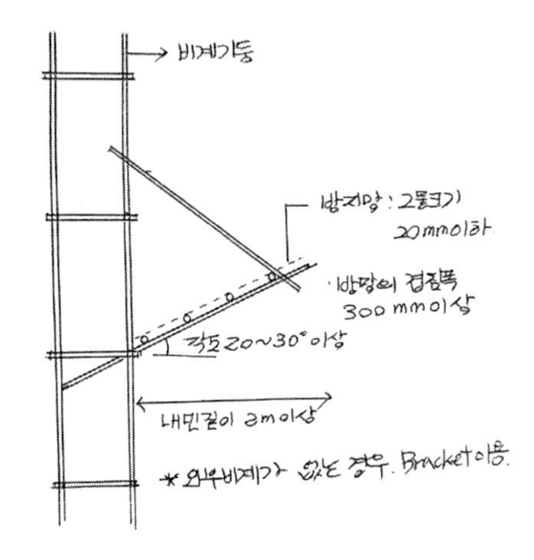

1. 설치 높이는 '10미터 이내'마다 설치하고,
   내민 길이는 벽면으로부터 '2미터 이상'으로 할 것.

2. 수평면과의 각도는 '20도 이상 30도 이하'를 유지할 것.

★ ㄴ : 자음 두 번째이므로
2미터 이상, 20도 이상으로 암기할 것.

★ 추락 방호망은 벽면으로부터 3미터 이상임.

산업안전기사 필답형 2017년 7월 13일 시험문제
산업안전기사 필답형 2020년 7월 25일 시험문제

노출 기준이 가장 낮은 것과 높은 것 암기방법

[보기]

① 암모니아
② 불소
③ 과산화수소
④ 사염화탄소
⑤ 염화수소

정답 :

가장 낮은 것 : 불소

가장 높은 것 : 암모니아

★

'불소(불을 내뿜는 소)'는 매우 위험하기 때문에
노출을 최대한 자제해야 한다.

★

한여름에는 민소매 차림으로
겨드랑이 '암내(암모니아)'를 풍기는
노출 남녀들이 매우 많다.

☞ 산업안전기사 필답형 2013년 4월 21일 시험문제

높이 2m 이상 작업장소에 설치해야 하는 작업발판의 설치기준 암기방법

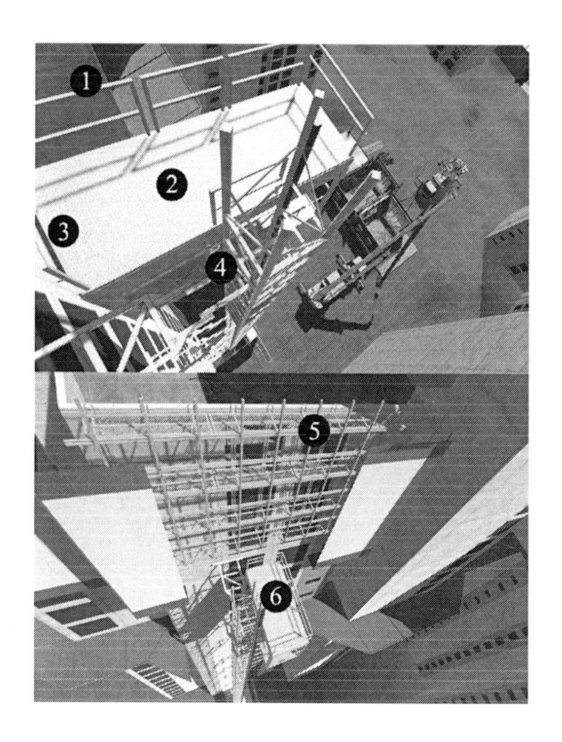

1. 추락의 위험성이 있는 장소에는 안전난간을 설치할 것.
2. 발판 재료는 작업 시의 하중을 견딜 수 있도록
   견고한 것으로 할 것.
3. 발판의 폭은 40㎝ 이상으로 하고,
   발판 재료 간의 틈은 3㎝ 이하로 할 것.
4. 작업발판의 지지물은 하중에 의하여
   파괴될 우려가 없는 것을 사용할 것.
5. 작업발판 재료는 뒤집히거나 떨어지지 않도록
   2 이상의 지지물에 연결하거나 고정시킬 것.
6. 작업에 따라 이동시킬 때는 위험방지 조치를 할 것.

★ '이상'과 '이하'를 유의하면서 암기할 것.

★ 2 이상의 지지물 → 2개 이상의 지지물

★ '발판 재료간의 틈은 3㎝ 이하로 할 것'은
'작업발판 사이의 틈은 3㎝ 이하로 할 것'이 정확한 표현이다.

★ 6번은 작업발판을 이동시킨다는 뜻.

★ 6가지를 쓰라는 기출문제가 나왔으므로 6개 모두 암기할 것.

☞ 산업안전기사 작업형 2014년 1회 1부 시험문제

☞ 산업안전기사 작업형 2020년 1회 1부 시험문제

누적 외상성 질환(CTDs)의 발생요인 암기방법

1. 반복적인 동작

2. 부적절한 작업 자세

3. 무리한 힘의 사용

4. 진동 및 온도(저온)

★ 위에서 아래 순서로 암기할 것.

★ 누적 외상성 질환은 반복작업으로 인한 근골격계 질환이다.

☞ 산업안전산업기사 필답형 2017년 4월 27일 시험문제

누전에 의한 감전위험방지를 위해 '접지'를 해야 하는 전기 기계기구 암기방법

1. 휴대형 손전등
2. 냉장고, 세탁기, 컴퓨터, 주변기기 등과 같은
   고정형 전기 기계기구
3. 대지전압이 150V를 넘는(초과하는) 전기 기계기구
4. 물 또는 도전성이 높은 곳에서 사용하는
   전기 기계기구, 비접지형 콘센트

★ '코드'와 '플러그'를 접속하여 사용하는 전기 기계기구임.
(휴대형 손전등은 예외)

★ '휴대용'이 아니고 '휴대형'임.

★ 대지전압 : 송전선과 대지(땅) 사이의 전압.
도전성(導電性) : 전기가 잘 흐르는 정도

※ 접지형 콘센트와 비접지형 콘센트

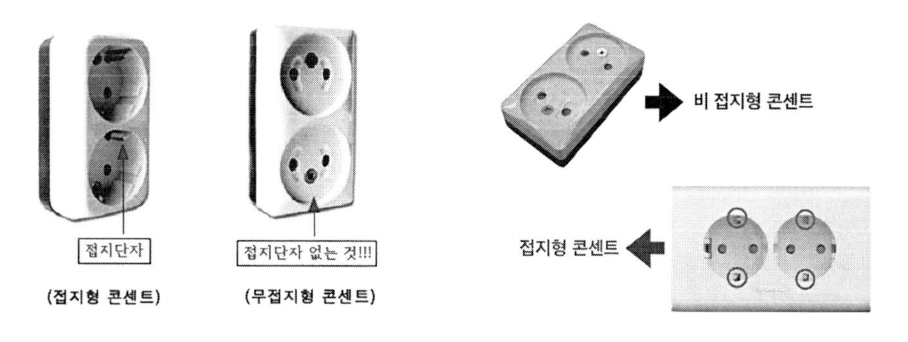

☞ 산업안전기사 필답형 2016년 10월 5일 시험문제

☞ 산업안전기사 필답형 2020년 5월 24일 시험문제

☞ 산업안전기사 필답형 2021년 10월 16일 시험문제

'누전 차단기'를 설치해야 하는 '기계기구' 암기방법

1.
철판, 철골 위 등 도전성이 높은 장소에서 사용하는
'이동형 또는 휴대형' 전기 기계기구

2.
대지전압이 150V를 초과하는
'이동형 또는 휴대형' 전기 기계기구

3.
물 등 도전성이 높은 액체가 있는 습윤장소에서 사용하는
'저압용' 전기 기계기구

★
이동형, 휴대형 전기 기계기구에는
누전 차단기가 자체 설치되어 있음.

★
3번은 '철판 위, 철골 위'를 말함.

★
사진을 연상하면서
습윤 장소는 '저압용'이라고 암기한다.

★
도전성(導電性) : 전기가 잘 흐르는 정도
습윤(濕潤) 장소 : 습기가 많은 축축한 장소

★
누전 차단기는 물이 많은 장소(항구 등)에
주로 설치한다고 연상(聯想)한다.

☞ 산업안전산업기사 필답형 2021년 10월 16일 시험문제
☞ 산업안전기사 필답형 2020년 10월 17일 시험문제
☞ 산업안전기사 작업형 2016년 1회 1부 시험문제
☞ 산업안전기사 작업형 2018년 2회 1부 시험문제

단위 공정에 대한 위험성 평가기법 암기방법

1. 체크 리스트
2. 결함수 분석(FTA)
3. 사건수 분석(ETA)

★

'체결사'로 암기할 것.
(해결사 → 체결사)

★

단위 공장(공정)마다 해결사(체결사)가 있어서,
한국이 매우 위험하다고 평가받는다.

★

공정(工程) :
1. 일이 진척되는 과정이나 정도.
2. 한 제품이 완성되기까지 거쳐야 하는 하나하나의 작업 단계.

★

결함수 분석기법(Fault Tree Analysis : FTA)
사건수 분석기법(Event Tree Analysis : ETA)

★

3개를 다 외우고, 여유가 있으면 나머지 항목을 암기한다.

4. 원인결과 분석(CCA)
5. 작업자 실수 분석(HEA)
6. 사고예상질문 분석(What-if)
7. 상대위험순위 결정(Dow and Mond Indices)
8. 위험과 운전 분석(HAZOP)

산업안전기사 필답형 2012년 4월 22일 시험문제
산업안전기사 필답형 2013년 10월 6일 시험문제

대비 공식 암기방법

$$대비(\%) = \frac{배경\ 반사율 - 표적물체\ 반사율}{배경\ 반사율} \times 100$$

★

분자 → 분모 순으로 암기한다.
'대비'가 '배표'를 사서 '배'를 탔더니 '100'원이 들었다.
(대비 : 이전 왕의 아내)

★

대비 : 표적 반사율과 배경 반사율의 차이

★

대비 공식의 단위는 %이다.
('대비율'이 아니라고 해서 착각하지 말 것)

- **문제 :**
  작업장 '주변 기계 및 벽'의 반사율은 80%,
  작업장의 '안전 표지판'의 반사율은 20%이다.
  '기계 및 벽'과 '안전 표지판'의 대비를 계산하시오.

  계산 :

  $$대비 = \frac{80 - 20}{80} \times 100 = 75\%$$

☞ 산업안전산업기사 필답형 2014년 10월 5일 시험문제

도급 사업에서, '합동안전 보건점검' 시 점검반 구성에 포함해야 하는 사람 3가지

1. 도급인
2. 관계 수급인
3. 도급인 및 관계 수급인의 근로자 각 1명

★ 총 4명임.

★ 도급인 : 발주자, 원청 사업자
관계 수급인 : 하청 사업자

※ 〈원칙적인 도급/수급 관계〉
도급인 : 발주자
수급인 : 원청 사업자, 원청 회사
관계 수급인 : 하청 사업자, 하청 회사

☞ 산업안전기사 필답형 2015년 7월 11일 시험문제

도로상의 가설전선 점검작업 시 우려되는 동종재해 예방대책

1. 전원을 차단하고, 점검을 실시할 것.
2. 작업자는 절연장갑을 착용할 것.
3. 누전 차단기를 설치할 것(전선 인출 분전반에 설치).

4. 전선의 접속부는 충분히 피복하거나, 적합한 접속기구를 사용할 것.
(접지형 콘센트, 접지형 플러그)
5. 전선은 절연피복의 '손상, 노화'로 인한 감전을 방지하기 위해, 필요한 조치를 할 것.

★ '전원 - 절연 - 누전 차단기 - 피복 - 노화' 순으로 암기할 것.

★ 5번은 손상/노화 전선에 피복을 하거나, 전선을 교체한다.

☞ 산업안전산업기사 작업형 2017년 2회 1부 시험문제

도저(불도저)의 종류

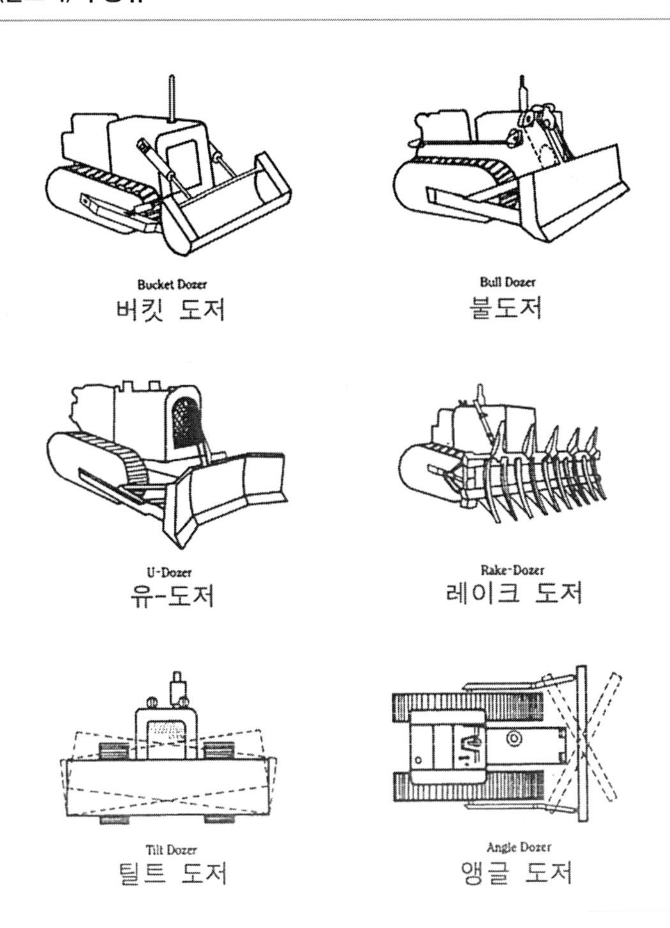

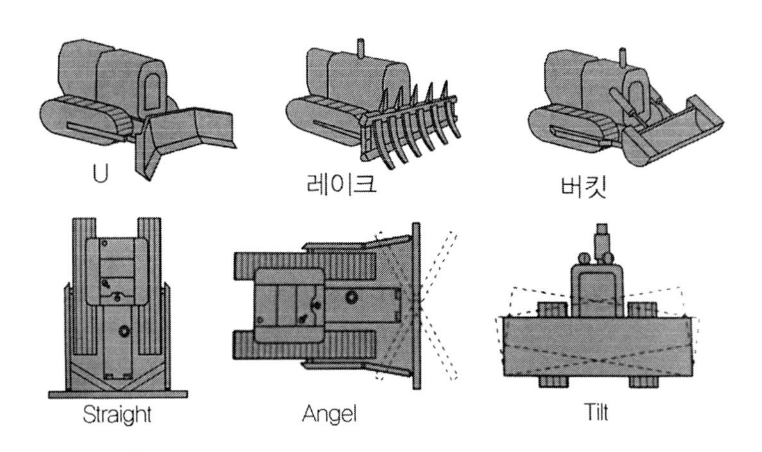

☞ 산업안전산업기사 필기 2020년 3회 시험문제

동력식 수동대패의 '방호장치명'과 '방호장치와 송급 테이블의 간격'

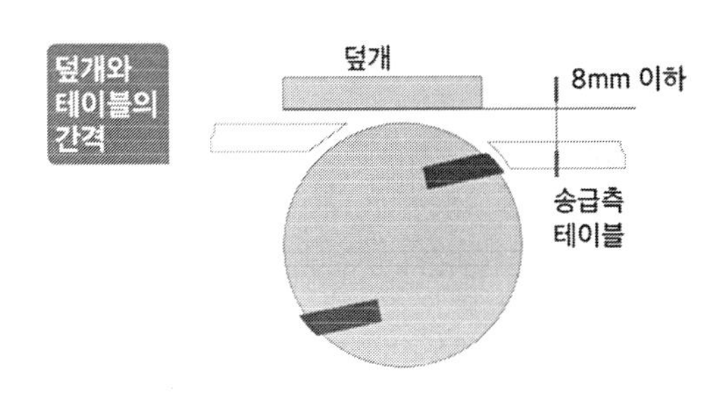

1. 방호장치명 : 칼날접촉 방지장치(날접촉 예방장치)
2. 방호장치와 송급 테이블의 간격 : 8㎜ 이하

★ 동력식 수동대패에는 '25㎜ 이하'는 존재하지 않음에 유의할 것.

★ 동력식 수동대패 : 방호장치(덮개)와 송급 테이블의 간격 - 8㎜ 이하
목재가공용 둥근톱 기계 : 덮개 하단과 테이블의 높이 - 25㎜ 이내

★ 송급 : 보내서 제공함.

★ 칼날접촉 방지장치(날접촉 예방장치)는 '덮개'를 의미하나,
'덮개'로 쓰지는 말 것.

★ '방송팔(8)'로 암기할 것.

★ 목재가공용 둥근톱 기계가 아님에 유의할 것.

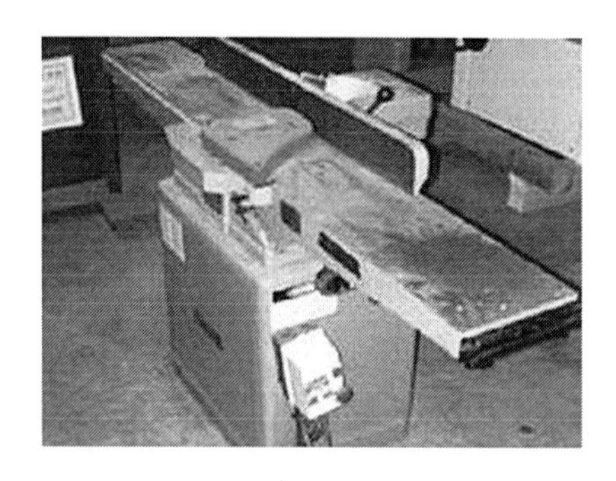

동력식 수동대패

★ 칼날접촉 방지장치(날접촉 예방장치)의 종류 :
고정식 덮개, 가동식 덮개

★ 동력식 수동대패의 방호장치 설치방법 : 고정식 덮개, 가동식 덮개

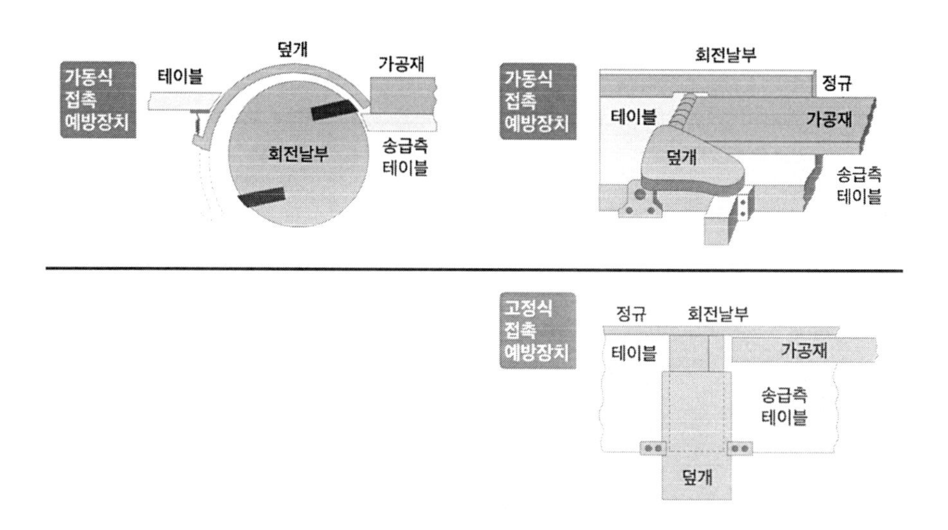

산업안전산업기사 필답형 2013년 7월 14일 시험문제
산업안전산업기사 필답형 2020년 11월 29일 시험문제
산업안전기사 필답형 2019년 10월 12일 시험문제
산업안전기사 작업형 2019년 3회 2부 시험문제

둥근톱 작업에 필요한 안전 및 보조장치의 종류

1. 톱날접촉 예방장치 = 덮개

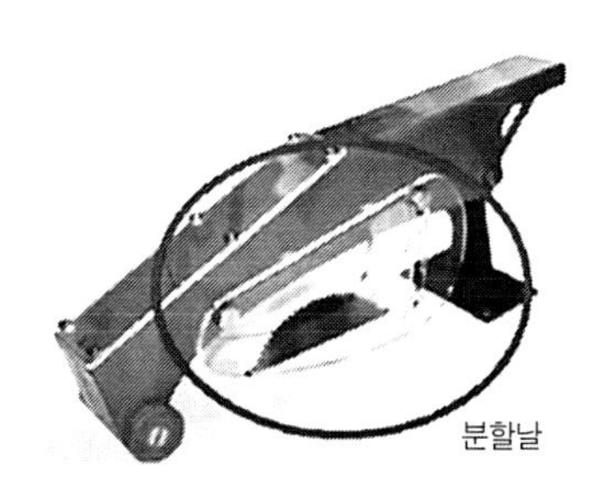

2. 분할날

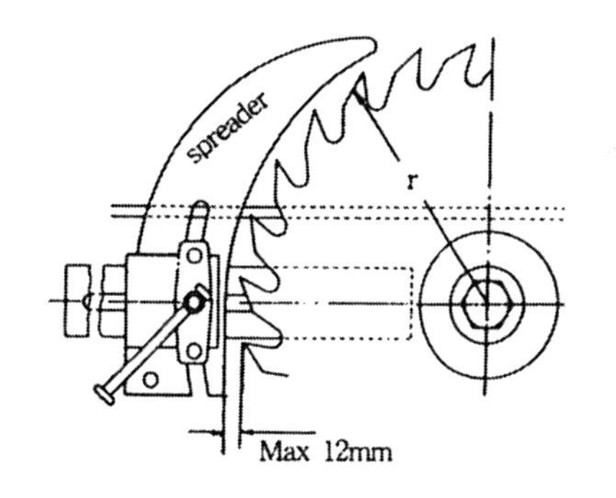

3. 반발방지 롤러

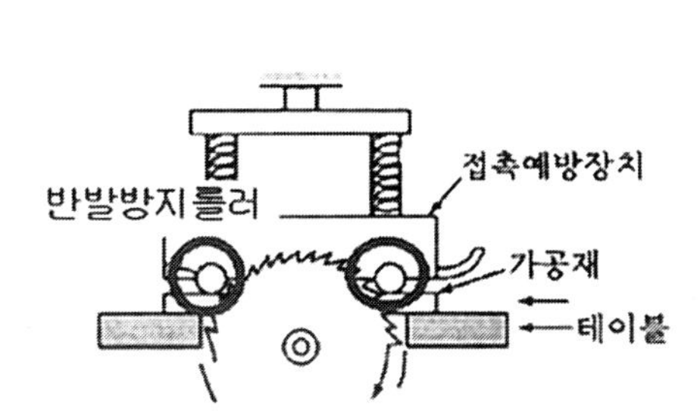

4. 반발방지 기구

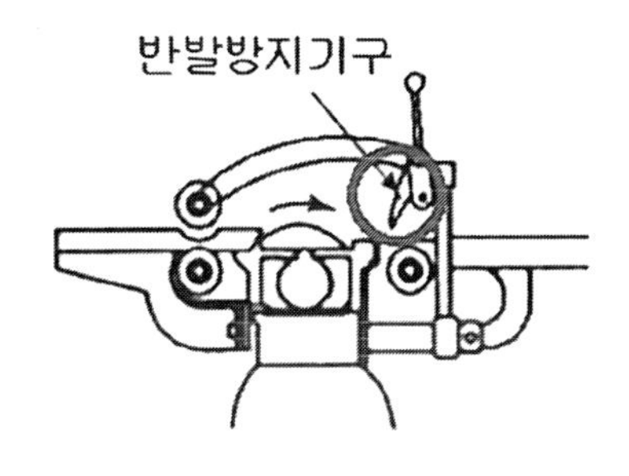

5. 밀대

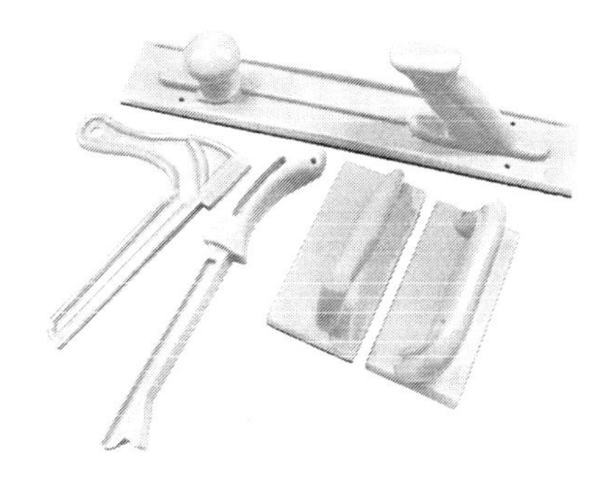

· 작업물을 자를 때 안전하게 밀 수 있는 도구

★

'톱날접촉 예방장치, 날접촉 예방장치'는 맞는 표현.

'칼날접촉 예방장치'는 틀린 표현.

★

'반발 예방장치' 안에

'분할날, 반발방지 기구, 반발방지 롤러'가 있으므로

'반발 예방장치'는 포함되지 않는다는 점에 유의할 것.

☞ 산업안전산업기사 작업형 2013년 3회 1부 시험문제

☞ 산업안전산업기사 작업형 2016년 3회 1부 시험문제

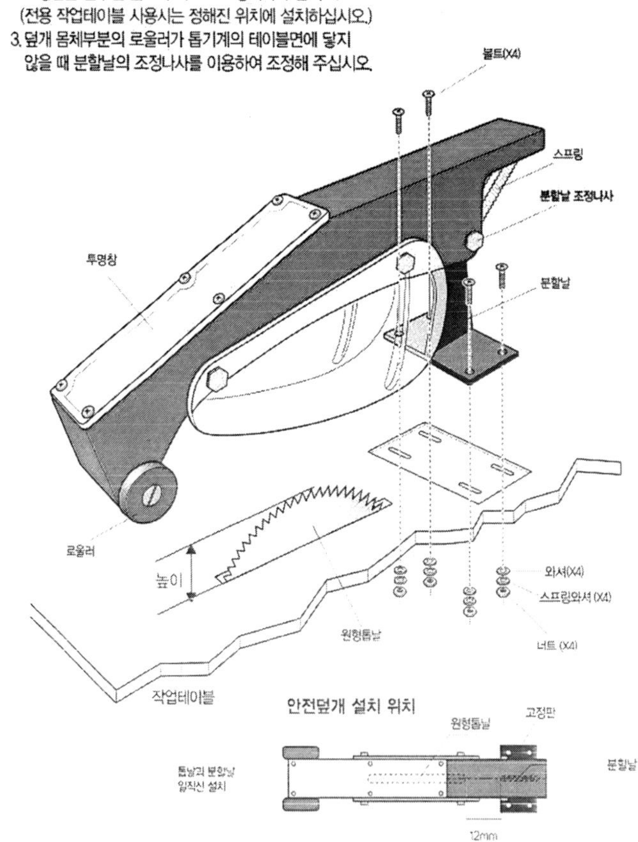

등기구 조작 중, 사고 발생 시 위험요인 암기방법

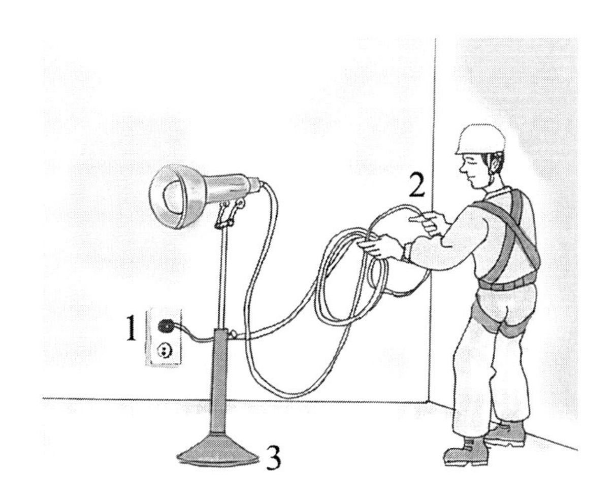

1. 전원을 차단하지 않고 작업하였다.
2. 작업자가 절연장갑을 착용하지 않았다.
3. 등기구의 접지를 실시하지 않았다.

★

3번은 '철제 등기구'만 해당한다.

★

재해유형은 '감전(전류 접촉)'이다.

산업안전산업기사 작업형 2020년 4회 1부 시험문제

산업안전산업기사 작업형 2021년 1회 2부 시험문제

로봇 교시 등 작업 시의 안전지침

1. 로봇의 조작방법 및 순서

2. 작업 중 매니퓰레이터의 속도

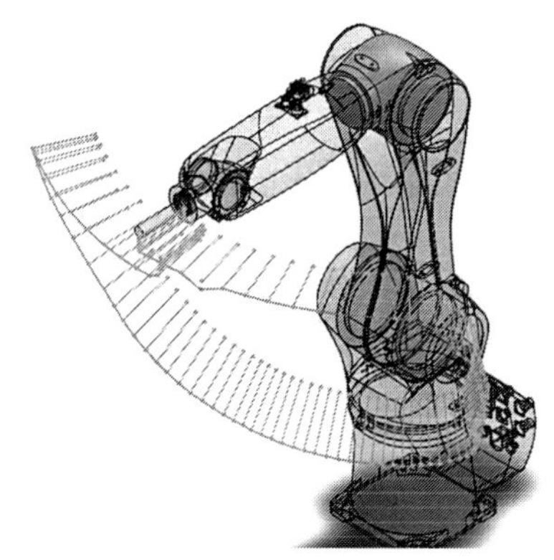

3. 2인 이상의 근로자에게
   작업을 시킬 때의 신호방법

4. 이상을 발견했을 때의 조치

★ '순서 → 속도 → 신호 → 이상' 순으로 암기할 것.

★ 교시(敎示) : 가르쳐서 보임, 길잡이로 삼는 가르침(= 시범).
매니퓰레이터 : 인간의 팔에 해당되는 기능을 가진 로봇.

산업안전산업기사 작업형 2019년 3회 2부 시험문제

로봇작업 방호장치 3가지 암기방법

1. 광전자식 방호장치(감응형 방호장치)
2. 울타리(방책) - 높이 1.8m 이상
3. 안전 매트

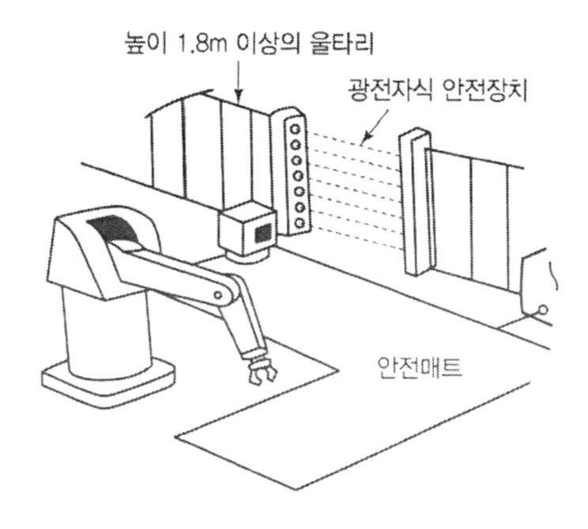

★ '로봇작업 시 위험방지 조치'와 동일한 문제이다.

산업안전산업기사 필답형 2013년 10월 6일 시험문제
산업안전산업기사 필답형 2016년 4월 19일 시험문제

로봇(산업용)의 작업시작 전 점검사항 3가지 암기방법

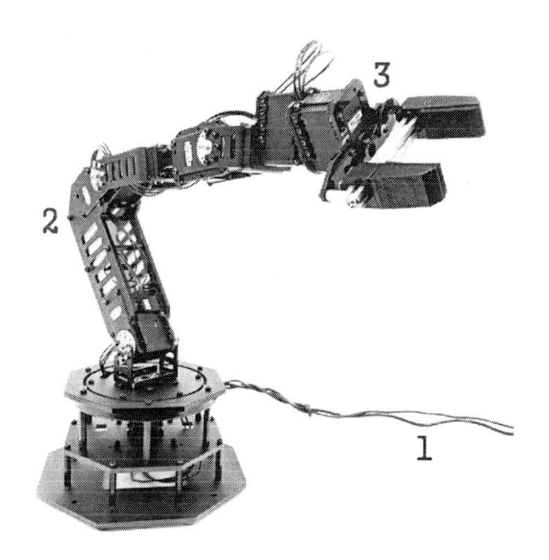

1. 외부전선의 피복 및 외장의 손상 유무
2. 제동장치 및 비상 정지장치의 기능
3. 매니퓰레이터 작동의 이상 유무

★ '외제매'로 암기할 것.
(우뢰매의 친척)

★ 2번은 '제비'로 암기할 것.
('유무'가 없음에 유의할 것)

★ 매니퓰레이터 : 로봇 손, 로봇 팔, 기계 손
외장 : 외부 포장

★ 피복 = 외장(동일한 뜻의 단어임)

☞ 산업안전산업기사 필답형 2019년 10월 12일 시험문제
☞ 산업안전산업기사 필답형 2021년 10월 16일 시험문제

말비계의 구조 암기방법

1.
지주부재의 하단에는
(미끄럼 방지장치)를 하고,
근로자가 양측 끝부분에 올라서서
작업하지 않도록 할 것.

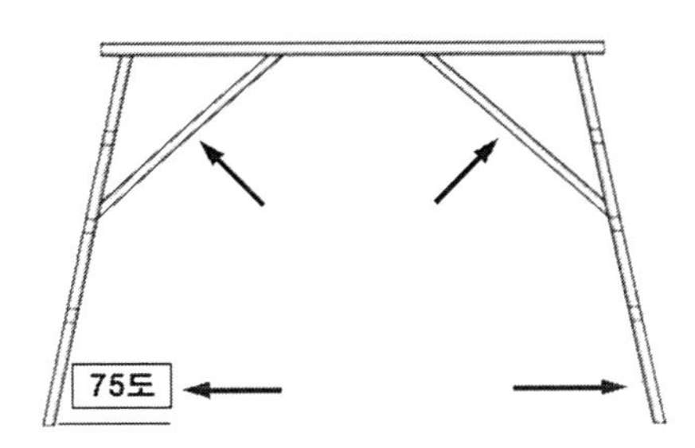

2.
지주부재와 수평면의 기울기를
(75도) 이하로 하고,
지주부재와 지주부재 사이를 고정시키는
(보조부재)를 설치할 것.

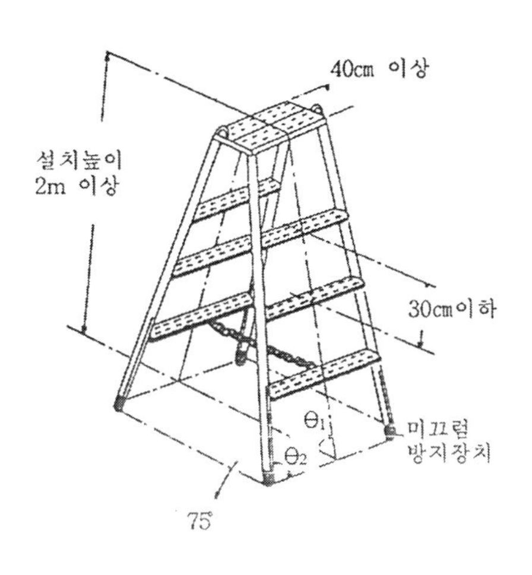

3.
말비계의 높이가
2m를 초과하는 경우에는
작업발판의 폭을
(40㎝) 이상으로 할 것.

★ '미끄럼 방지장치 → 기울기 → 높이'의 순서로 암기할 것.

★ 지주부재(支柱部材) : 땅을 지지하는 기둥이 되는 부속 재료

★ '2m 이상'이 아니라, '2m 초과'라는 것에 유의할 것.

☞ 산업안전산업기사 필답형 2018년 6월 30일 시험문제

☞ 산업안전기사 필답형 2017년 4월 27일 시험문제

목재가공용 둥근톱 기계의 고정식 톱날접촉 예방장치(덮개) 간격 암기방법

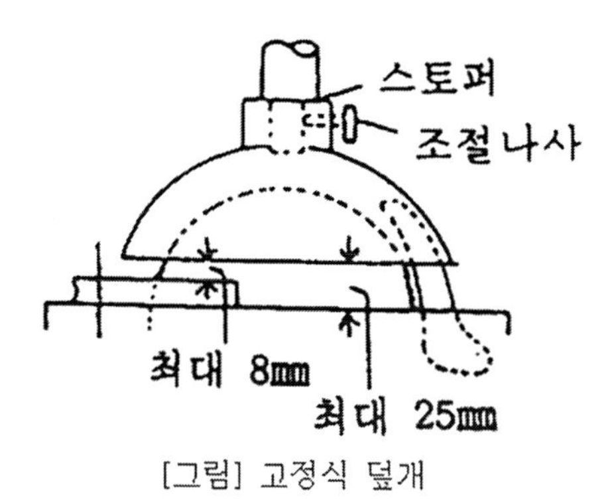

[그림] 고정식 덮개

1. 덮개 하단과 테이블 사이 높이 : 25㎜ 이내
2. 덮개 하단과 가공재 사이 간격 : 8㎜ 이내

★ 가발 → 가팔(가공재 8)
테이블(사무직)에서 가장 많이 일하는 나이 : 25살

★ 동력식 수동대패가 아님에 유의할 것.

목재 가공용 둥근톱 기계

☞ 산업안전기사 작업형 2020년 1회 3부 시험문제

목재가공용 둥근톱 기계의 방호장치

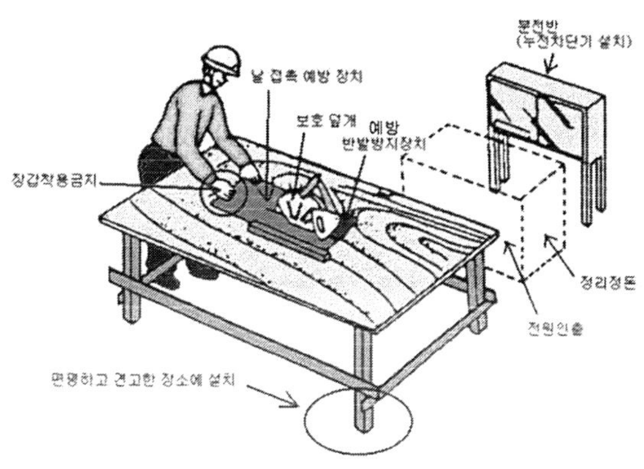

목재가공용 둥근톱 안전 작업도

1. 날접촉 예방장치
2. 반발 예방장치

★ 날접촉 예방장치는 보통 '덮개'를 의미한다.
날접촉 예방장치 = 톱날접촉 예방장치 = 덮개
(둥근톱은 '칼날접촉 예방장치'가 아님에 유의할 것)

★ '반발 방지장치'가 아니라
'반발 예방장치'임에 유의할 것.

★ 암기방법 :

'둥근' 달을 보면서 작업했더니 '날'이 '반'이나 새었다.

☞ 산업안전산업기사 필답형 2018년 10월 6일 시험문제

☞ 산업안전산업기사 작업형 2019년 3회 2부 시험문제

 목재가공용 둥근톱 기계의 '자율안전 확인대상 표시' 외에 표시사항

1. 둥근톱의 사용 가능 치수
2. 덮개의 종류

★

암기방법 :

둥근톱 치수(1)를 선택한 다음,

치수에 맞는 덮개(2)를 선택하는 것은 자율적이다.

(자율적으로 덮친다.)

★

자율안전 확인번호가 기재된 둥근톱 기계의 KCs명판 예시

산업안전보건법에 의한 자율안전확인의 표시

- 형 식 명 : AY(RT)-5000SAW
- 제조연월 : 2018. 04.
- 제조번호 : AY(RT)-5000-001
- 둥근톱 몸통의 길이 : ø254
- 유효 절삭너비 : 40mm×600mm×6mm
- 제조자명 : 안전하세요?

(00000)서울특별시 영등포구 OO대로12길 21

TEL : 02-000-0000 FAX : 02-000-000

KCs

자율안전확인번호

18-AE1EY-00000

https ://aysafe.tistory.com

☞ 산업안전산업기사 작업형 2015년 3회 1부 시험문제

☞ 산업안전산업기사 작업형 2019년 3회 2부 시험문제

목재가공용 둥근톱 기계의 '반발 예방장치' 종류 암기방법

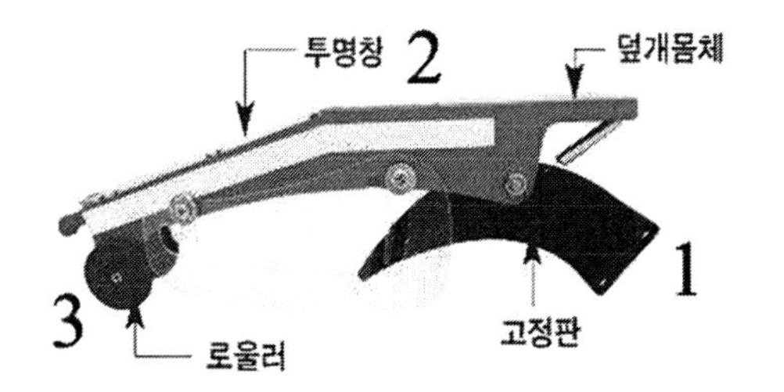

1. 분할날
2. 반발방지 기구
3. 반발방지 롤러

★ 반발방지 기구(finger) : 목재 재료가 튕기지 않도록 잡아 줌.

★ 사진의 번호가 실제 명칭과 다를 수 있음.

☞ 산업안전산업기사 필기 2016년 2회 시험문제

목재가공용 둥근톱 기계의 분할날과 톱날 후면

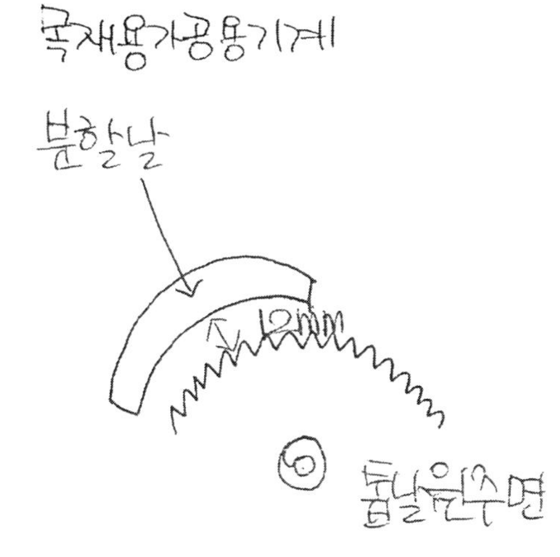

1.
분할날과 톱날 후면과의 간격은 12㎜ 이내일 것.
(1.2㎝ 이내)

2.
분할날은 톱날 후면날의 $\frac{2}{3}$ 이상을 덮어 설치할 것.
(분할날이 후면날을 전부 덮어도 틀린 것은 아니다.)

★ 톱날 후면

☞ 산업안전기사 필답형 2015년 4월 18일 시험문제

'무의 원칙'과 '선취의 원칙' 구별방법

무재해 운동의 기본이념 3원칙 중, 다음에서 설명하는 것은?
직장 내의 모든 잠재요인을 적극적으로 사전에 발견, 파악, 해결함으로서
뿌리에서부터 산업재해를 제거하는 것.

★ '모든'이나 '뿌리'라는 말이 나오면
'선취의 원칙'이 아니라 '무의 원칙'이다.

☞ 산업안전기사 필기 2017년 2회 시험문제

무재해 운동 추진 사업장에서 재해 발생 시 무재해로 인정되는 경우 암기방법

1. 출퇴근 도중에 발생한 재해
2. 운동경기 등 각종 행사 중 발생한 재해
3. 제3자의 행위에 의한 업무상 재해
4. 업무시간 외에 발생한 재해
5. 뇌혈관 질병 또는 심장 질병에 의한 재해

★
출근(1)을 해서
운동경기 행사(2)를 보고 있는 중에,
제3자(거래업체 3)를 만나서
업무시간 외(휴식시간 4)에 커피를 마신 후,
퇴근하고 병원에 갔더니
뇌혈관 질병과 심장 질병(5)이 걸렸다는
진단을 받았다.

☞ 산업안전기사 필답형 2011년 7월 24일 시험문제
☞ 산업안전기사 필답형 2014년 4월 20일 시험문제
☞ 산업안전기사 필답형 2014년 10월 5일 시험문제

무채 슬라이스 작업 시 끼임사고 예방대책(감전사고 아님)

1. 전원 차단 후에 기계점검 실시
2. 기계에 인터록 장치 설치
3. 무채 제거 시 수공구 사용
4. 작업자 면장갑 착용금지
5. 작업시작 전 사전점검 실시

★ 2번은 정확하게 말하면
'인터록 구조의 게이트 가드(덮개) 설치'이다.

★ 수공구 = 전용 공구

★ 면장갑 대신 절연장갑을 착용하더라도 손을 다칠 수 있다.

☞ 산업안전산업기사 작업형 2015년 3회 2부 시험문제

☞ 산업안전산업기사 작업형 2017년 2회 1부 시험문제

 물질안전 보건자료(MSDS) 교육내용 암기방법

1. 제품명
2. 물리적 위험성과 건강 유해성
3. 적절한 보호구
4. 취급 주의사항
5. 응급조치 요령 및 사고 시 대처방법

★ 군대 교육내용, 군대 포탄 관리요령 :
제(1) 물건(2)을 적취(3, 4)해서, 응사(5)하라!
(자신의 포탄을 집어낸 다음에, 대응사격해라!)

☞ 산업안전산업기사 필답형 2017년 4월 27일 시험문제

☞ 산업안전기사 필답형 2013년 10월 6일 시험문제

※ 물질안전 보건자료(MSDS, Material Safety Data Sheets) :

물질안전보건자료
(MSDS) 표지

화학물질의 안전한 사용을 위한 설명서로서
화학물질의 유해성·위험성 정보, 응급조치 요령, 취급방법 등을 비롯한
16가지 항목들로 구성되어 있습니다.

물질안전 보건자료(MSDS) 작업공정별 관리요령 암기방법

1. 제품명
2. 물리적 위험성과 건강 유해성
3. 적절한 보호구
4. 취급 주의사항
5. 응급조치 요령 및 사고 시 대처방법

★ '물질안전 보건자료(MSDS) 교육내용'과 항목이 같음.
(군대 교육내용 중에, 포탄 관리요령이 가장 중요함)

★ '물질안전 보건자료(MSDS) 작성항목',
'물질안전 보건자료(MSDS) 작성 제외대상'과 헷갈리지 않도록 유의할 것.

물질안전 보건자료(MSDS)에 적어야 하는 사항 암기방법

1. 제품명
2. 물리적 위험성과 건강 유해성
3. 화학물질의 명칭 및 함유량
4. 취급 주의사항
5. 응급조치 요령 및 사고 시 대처방법

★ 군대에서 반드시 적어야 하는 사항 :
제(1) 물건(2)을 화취(3, 4)한 다음에, 응사(5)해라!
(자신의 포탄을 화학무기 취급한 다음에, 대응사격해라!)
(화학무기라서 반드시 적어야 함.)

★ 3번만 빼고, '물질안전 보건자료(MSDS) 교육내용'과 항목이 같음.

산업안전산업기사 필답형 2017년 7월 13일 시험문제
산업안전산업기사 작업형 2013년 1회 1부 시험문제
산업안전산업기사 작업형 2019년 3회 2부 시험문제
산업안전기사 필답형 2014년 7월 6일 시험문제

물질안전 보건자료 작성 제외대상 물질의 종류 암기방법

1. 농약
2. 마약 및 향정신성 의약품
3. 비료
4. 사료
5. 화장품
6. 화약류

★ '약'과 '료'와 '화'가 들어가는 단어끼리 암기한다.

★ 원래 법령은 '농약 관리법에 따른 농약' 등이나
'농약'으로 적어도 정답으로 인정된다.

★ 4개 정도만 외우면 적당하지만,
5개 이상을 적으라는 문제가 나올 수 있으므로 6개까지 암기하도록 한다.

★ '물질안전 보건자료의 작성'에서 제외되는 이유는
사람에게 크게 유해하거나 위험하지 않기 때문이다.

★
한국·홍콩 합작영화 중에
'노마비사'라는 영화가 있다.
이 영화를 연상하면서
'농마비사'로 암기해도 된다.

산업안전기사 필답형 2012년 4월 22일 시험문제
산업안전기사 필답형 2015년 4월 18일 시험문제
산업안전기사 필답형 2017년 7월 13일 시험문제

물질안전 보건자료(MSDS)를 게시하고, 정기·수시로 점검·관리하여야 하는 장소

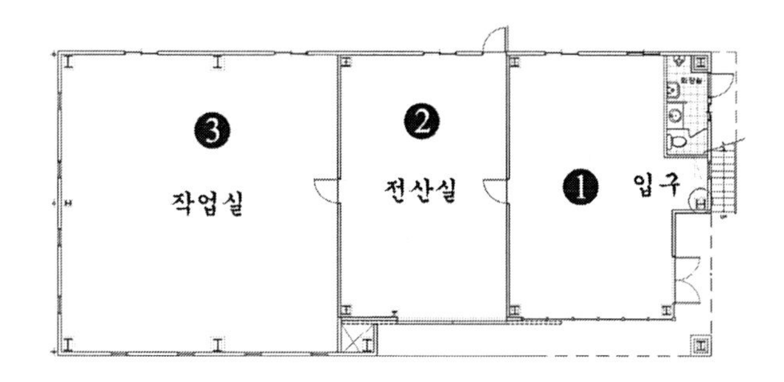

1. 작업장 내, 근로자가 가장 보기 쉬운 장소
2. 근로자가 작업 중, 쉽게 접근할 수 있는 장소에 설치된 전산장비
3. 물질안전 보건자료 대상물질을 취급하는 작업공정이 있는 장소

★ 작업공정(作業工程) :
각 부분의 작업량을 시간과 일수로 환산하여 작성한 공사 일정.

☞ 산업안전산업기사 작업형 2012년 1회 1부 시험문제

☞ 산업안전산업기사 작업형 2015년 2회 1부 시험문제

물질의 연소형태 암기방법

1. 수소 : 확산 연소
2. 알코올 : 증발 연소
3. TNT : 자기 연소
4. 알루미늄 : 표면 연소

★ 수소는 가벼우므로 하늘로 확산한다.

★ 알코올의 증발속도는 물보다 훨씬 빠르다.

★ TNT는 자기 스스로 폭발하는 물질이다.
('폭발 연소'가 아님에 유의할 것)

★ 알루미늄 냄비는 표면이 벗겨지면, 바로 교체해야 한다.

☞ 산업안전기사 필답형 2007년 3회차 시험문제

밀폐공간의 적정 공기수준 암기방법

적정한 공기라 함은
산소농도의 범위가 18% 이상 23.5% 미만,
탄산가스의 농도가 1.5% 미만,
일산화탄소의 농도가 30ppm 미만,
황화수소의 농도가 10ppm 미만인 수준의 공기를 말한다.

★ 가스는 모두 '미만'으로 끝난다. 유독가스는 모두 ppm이다.

★ 산소의 기호가 O_2(오투)이므로 18 + 5.5 = 23.5이다.

★ 산소농도의 범위가 23.5% 미만인 이유는
23% 이상일 경우,
인체는 산소중독으로 시력이상, 간질증상 등이 올 수 있고,
조연성 물질이라 폭발 및 화재의 위험이 생긴다.
(공기 중 산소량은 21%)

★ 사이다에는 탄산가스가 아주 적게 들어간다.
1.5% 정도

★ 일산 → 30(산삼)

★ 10원짜리는 오래되면 매우 누렇다.
(황색화)

★ ppm(피피엠) :
영어의 '파트 퍼 밀리언(Part Per Million)'의 앞 글자를 따서 만든 단위로
'백만 분의 일'이란 뜻이다.

이 단위는 아연, 구리, 철, 망간 등과 같이, 미량요소에나 쓰인다.

아연 1ppm은 물 1ℓ에 아연 1㎎이 들어 있는 경우를 말한다.

☞ 산업안전기사 작업형 2017년 3회 1부 시험문제

※ 밀폐공간이 여름철에 매우 위험한 이유

■ 방송 : YTN 라디오 생생경제
■ 진행 : 최휘 아나운서
■ 방송일 : 2022년 6월 28일 (화요일)
■ 대담 : 김증호 한국직업건강협회 전무

◇ 최휘>
질식재해가 발생할 수 있는 공간이 정말 곳곳에 있다고 이해를 하시면 될 것 같습니다. 그러면 이 밀폐공간에는 왜 이렇게 위험한 공기가 있는 건가요? 특별한 이유가 있을까요.

◆ 김증호>
밀폐공간은 공기 흐름이 원활하지 않다 보니까 상대적으로 여름철에 기온이 올라가면 철재류가 녹이 슬죠. 녹이 슨다는 걸 통상적으로 우리는 산화라 그러죠.

사과를 한 입 먹고 테이블 위에 놓으면 사과가 약간 변색이 되잖아요. 그걸 이제 산화라고 그러는데요. 따라서 철재류에 물기가 있다 보니까 습도가 높아서 철에 녹이 슬면 거기에 산소를 잠식하는 거죠. 그래서 밀폐공간이 가장 위험한 거고요.

또 한 가지는 치환가스가 발생하는 부분인데요. 여기는 특히나 설비 중에 아르곤, 질소, 이산화탄소 이런 여러 가지 불활성 기체가 산소를 밀어냅니다. 따라서 불활성 기체가 어떤 밀폐된 공간, 제한된 공간에서 누출된다면, 갑자기 산소 농도가 대기 중의 20.9%가 뚝 떨어지기 때문에, 거기 있는 분들이 낭패를 당하는 거죠.

그다음에 여름철이 되어 외기(외부공기)의 온도가 높아지면 미생물이 왕성한 호흡 작용을 합니다. 생체(생물의 몸) 1g 하고 비교했을 때 미생물은 약 한 6,100배

정도, 굉장히 많은 산소를 잠식하기 때문에, 특히 여름철이 밀폐공간에서 절대적으로 우리는 안전작업을 해야 되는 거고요.

특히 상하수도 맨홀이라든가, 집수조, 핏트 그다음에 식품저장조, 이런 데가 발효 탱크가 있는 데가 굉장히 부패하잖아요. 따라서 그런 데가 굉장히 미생물이 왕성한 호흡 작용으로 산소가 부족하게 되는 경우가 많죠. 따라서 기온이 올라가는 여름철이 가장 위험한 시기라고 볼 수 있겠습니다.

〈밀폐장소 용접작업〉〈습한 장소 전기용접 작업〉 실시할 때의 교육내용 암기방법

1. 질식 시 응급조치에 관한 사항
2. 환기 설비에 관한 사항
3. 작업환경 점검에 관한 사항
4. 전격 방지 및 보호구 착용에 관한 사항

★ 밀폐장소, 습한 장소에서 용접작업을 하는 사람은
질환(1, 2)이 생기기 쉬우므로
작업환경(3)과 전격 방지(4)에 신경써야 한다.

★ '질환작전'이나 '질환작전 보호'로 암기할 것.

★ 전격(電擊) : 전기 충격

산업안전기사 필답형 2012년 10월 14일 시험문제

'바안즈'의 동작경제 3원칙 암기방법

1. 인체 사용에 관한 원칙
2. 작업장 배치에 관한 원칙
3. '공구 및 설비'의 설계에 관한 원칙

★ 시계 방향으로 암기한다.

★ 앞 글자를 따서, 거꾸로 '공 작 인'으로 암기해도 된다.
(물건을 만드는 사람)

★ '공장에서 작업하던 인부에게 반했다.'로 암기해도 된다.

★ 3번은 '설치'가 아닌 '설계'임에 유의할 것.

★ 동작 경제 : 되도록 움직임을 적게 하는 경제

바안즈(반즈, Ralph M. Barnes) :
미국의 산업공학 교수

방독 마스크 정화통 표시사항 중, 안전인증 표시 외 추가 표시사항 암기방법

1. 정화통의 외부측면 표시색
2. 파과 곡선도
3. 사용상의 주의사항
4. 사용시간 기록카드

★
'정파사(전파사)'로 암기할 것.
정화통은 전파사에서 판매한다.

★ 정화통 외부(1)가 파괴(2)되었으니, 사용상 주의(3)하면서
사용시간을 카드에 기록(4)한다.

★ 파과 곡선(破過 曲線) : '파괴 곡선' 아님

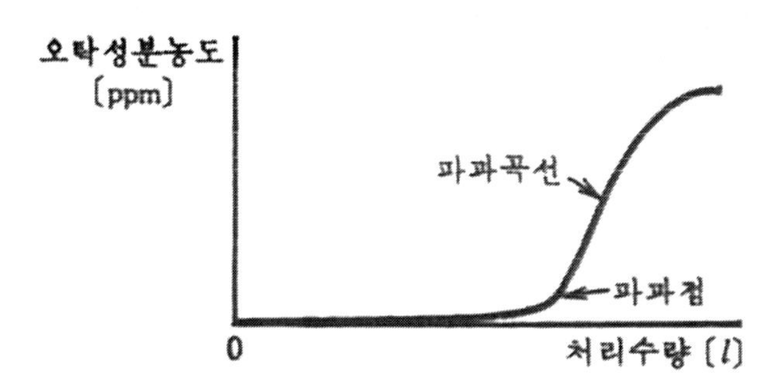

1. 파과시간과 유해물질 등에 대한 농도와의 관계를 나타내는 곡선.
   (파과시간 = 유효 사용시간)
2. 활성탄과 같은 흡착재의 흡착 능력이
   파과점을 지나면 떨어지는 것을 나타낸 곡선.

☞ 산업안전기사 작업형 2018년 2회 3부 시험문제

방독면 정화통 색상 암기방법 - 유갈 하회 아황 암녹

정화통 종류

★ 복합용 - 2층 분리(해당가스 색상, 해당가스 색상)

★ 겸용 - 2층 분리(백색 - 방진, 해당가스 색상)

종류	시험가스
유기화학물용	시클로헥산(C6H12)
	디메틸에테르(CH3OCH3)
	이소부탄(C4H10)
할로겐용	염소가스 또는 증기(Cl_2)
황화수소용	황화수소가스(H_2S)
시안화수소용	시안화수소가스(HCN)
아황산용	아황산가스(SO_2)
암모니아용	암모니아가스(NH_3)

유갈(갈색)

하회(회색) - 할로겐, 황화수소, 시안화수소

아황(황색/노랑)

암녹(녹색)

▶▶ 산업안전기사 필답형 2017년 10월 19일 시험문제

방열복 내열 원단의 시험 성능기준 암기방법

1. 난연성 시험
2. 내열성 시험
3. 내한성 시험
4. 절연저항 시험
5. 인장강도 시험

난연성(방열두건) - 방열두건 안에서 담배를 피우기 힘들다.
내열성(방열상의) - 심장 근처라서 열이 많이 난다.
내한성(방열하의) - 다리는 심장과 멀어서 매우 춥다.
절연저항(방열장갑) - 전선을 손으로 만지므로 절연해야 한다.
인장강도(방열장화) - 방열장화를 도장처럼 인장을 찍는다.

산업안전기사 작업형 2013년 1회 1부 시험문제
산업안전기사 작업형 2019년 2회 2부 시험문제

방음 보호구(귀마개, 귀덮개)의 종류 암기방법

종류	등급	기호	성능
귀마개	1종	EP-1	저음부터 고음까지 차음하는 것.
	2종	EP-2	주로 고음을 차음하고, 저음(회화음 영역)은 차음하지 않는다.
귀덮개		EM	

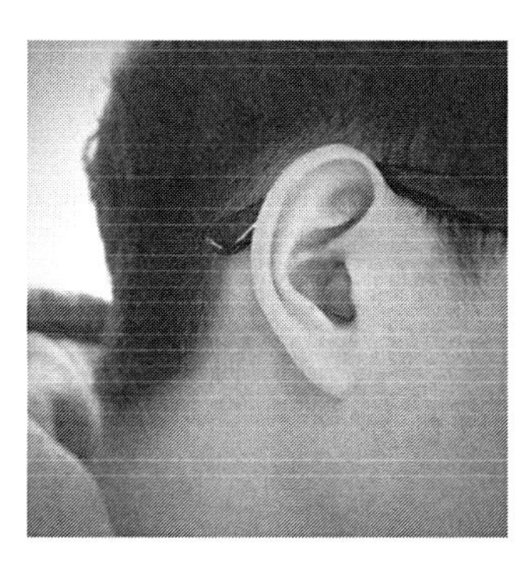

귀마개

귀덮개

★ EP : earplug [이어플러그] 귀마개
EM : ear muffle [이어 머플] 귀덮개

★ 회화음 영역 : speech range, speech banana
'회화 음영역' 아님

★ 차음(遮音) : 소리의 전달을 막음.
(= 방음)

★ 2종이 1종보다 기능적으로 떨어진다.

★ 사진 출처 : 인터넷 쇼핑몰 '옥션'

산업안전기사 작업형 2014년 1회 1부 시험문제

방진 마스크/방독 마스크의 성능시험 종류(항목)

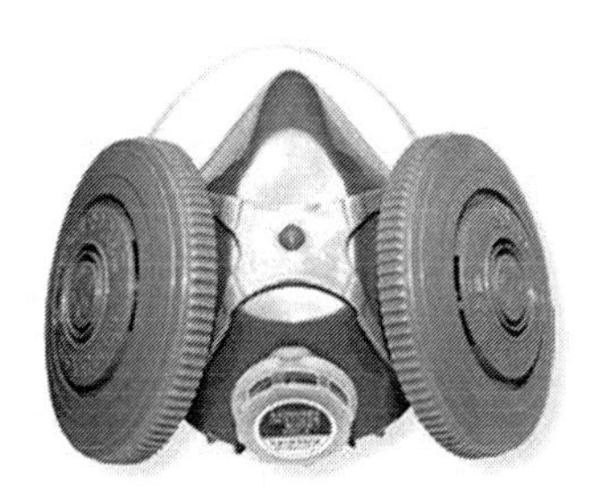 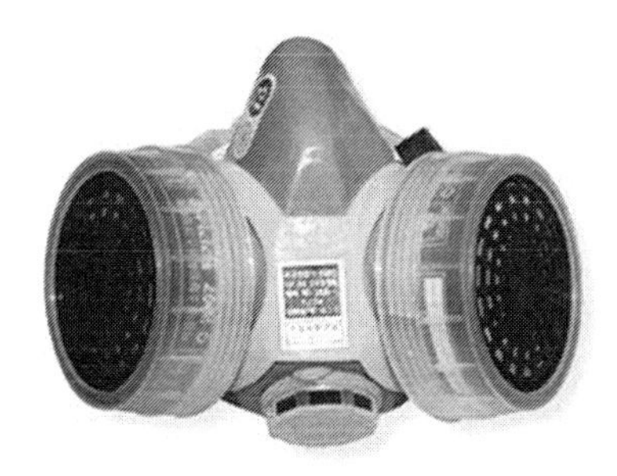

방독 마스크

1. 안면부 흡기저항 시험
2. 안면부 배기저항 시험
3. 안면부 누설율 시험
4. 시야 시험
5. 불연성 시험

마스크 쓴 상태로
공기를 흡기(1)한 다음, 뒤로 배기(2)했는데,
방귀로 누설(3)되었다.
주위 사람들의 시야(4)에는
냄새는 있어도
불에 타지 않는 것(5)처럼 보인다.

★

5개가 모두
'방진 마스크/방독 마스크' 공통 항목이다.

산업안전기사 필답형 2021년 4월 25일 시험문제

방진 마스크의 포집효율 암기방법

종류	분리식		안면부 여과식
	격리식	직결식	
형태	전면형	전면형	반면형
	반면형	반면형	
사용조건	산소농도 18% 이상인 장소에서 사용하여야 한다.		

✚ 방진마스크 형태 및 구조

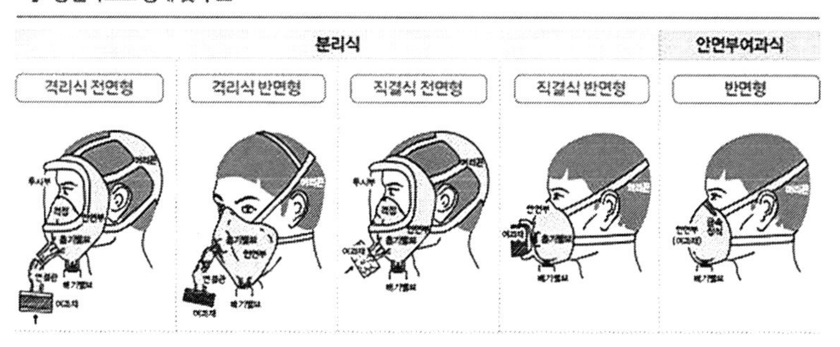

1. 분리식 방진 마스크

등급	염화나트륨 및 파라핀 오일시험
특급	99.95% 이상
1급	94.0% 이상
2급	80.0% 이상

2. 안면부 여과식 방진 마스크

등급	염화나트륨 및 파라핀 오일시험
특급	99.0% 이상
1급	94.0% 이상
2급	80.0% 이상

★

‘이상’을 반드시 붙일 것.

★

‘안면부 여과식’만 빼면 모두 ‘분리식’이다.

★

‘분리식’이 ‘안면부 여과식’보다는
포집효율이 약간 더 좋은 편이다.

★

80 → +14 → +5.95
80 → +14 → +5

☞ 산업안전기사 작업형 2017년 2회 1부 시험문제

방호조치를 아니하고는 양도, 대여, 설치, 사용, 진열해서는 안 되는 기계, 기구 암기방법

신화망 뉴스 사진

1. 포장 기계
   (진공 포장기, 랩핑기로 한정)
2. 공기 압축기
3. 원심기
4. 예초기
5. 금속 절단기
6. 지게차

★

방호조치 없이
포장(1)된 공(2)원(3)에서 원(3)예(4)금(5)지(6)

★

포장 기계는 반드시
'진공 포장기, 랩핑기로 한정'을 적어야 한다.

★

예초기는 풀을 베는 데 쓰는 기구.
원심기는 원심력을 이용한 기계.
랩핑기는 랩으로 상품을 포장하는 기계.

★

'금속 탐지기'가 아님에 유의할 것.
(방호조치는 대부분 절단이나 압력과 관련이 있다.)

» 산업안전기사 필답형 2016년 7월 12일 시험문제

ㅂ

배관 용접작업(교류아크 용접기) 중, 감전되기 쉬운 장비의 위치 4가지 암기방법

1. 용접봉
2. 용접봉 홀더(집게)
3. 용접기 케이블(전선)
4. 용접기 리드단자

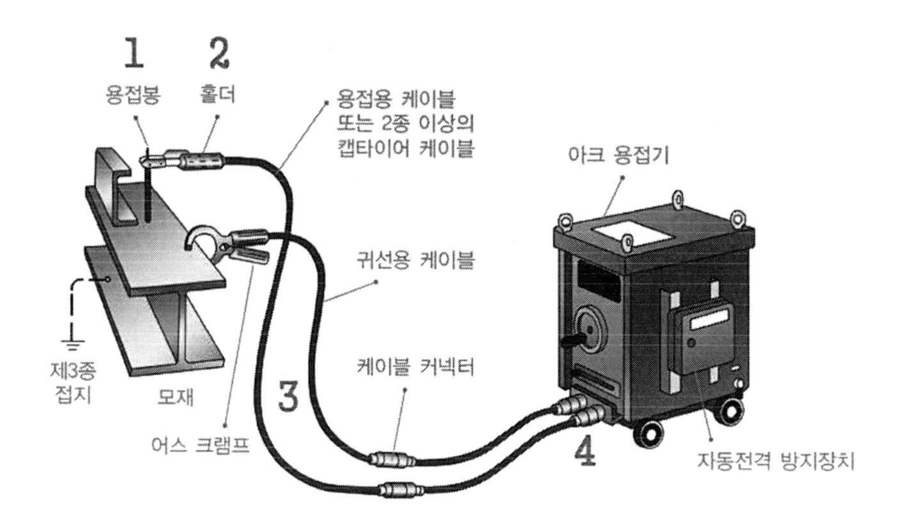

★
'장비'가 아니라
'장비의 위치'임에 유의할 것.

☞ 산업안전산업기사 작업형 2015년 3회 2부 시험문제

☞ 산업안전기사 작업형 2015년 3회 2부 시험문제

'버드'의 연쇄성 이론 5단계 암기방법

제1단계 : 제어 부족(관리 부재)
제2단계 : 기본 원인(기원)
제3단계 : 직접 원인(징후)
제4단계 : 사고(접촉)
제5단계 : 상해(손실)

★
'버드(새)'는 제비의 후예라서
제기(1, 2)를 직접(3) 차야 한다는
사상(4, 5)을 가지고 있다.

★
'제어 부족(관리 부재)'은
'관리의 부족'이나 '통제의 부족'으로 바꾸어 쓸 수 있다.

★
'직접 원인(징후)'은
'불완전한 행동 및 불완전한 상태'로 바꾸어 쓸 수 있다.

★
'기본 원인'은 보통 '간접 원인'을 뜻한다.

★
'버드'의 연쇄성 이론 5단계는
(　　) 안에 있는 것을 빼고 써도 되고
또는 (　　) 안에 있는 것만 써도 된다.

산업안전기사 필답형 2012년 7월 8일 시험문제
산업안전산업기사 필답형 2013년 4월 21일 시험문제
산업안전산업기사 필답형 2016년 4월 19일 시험문제
산업안전산업기사 필답형 2021년 7월 11일 시험문제

변압기의 활선(충전물) 여부를 확인하는 방법

1. 검전기로 확인한다.

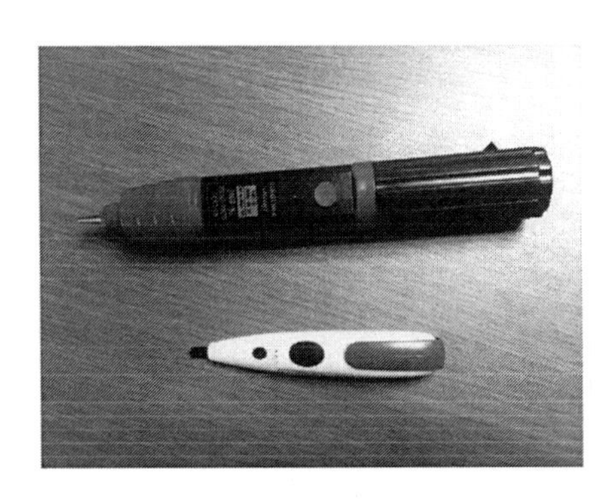

2. 활선 경보기로 확인한다.

3. 테스터기로 확인한다. (or 테스터기의 지시치로 확인한다.)

★ 암기방법 : 변압 성욕자는 '검'과 '활'로 '테스트'한다.

★ 활선(活線) : 전기가 통하고 있는 전선

지시치(指示値) : 측정 계기나 기록지에 기재된 수치.
(= 지시값)

산업안전산업기사 작업형 2019년 2회 1부 시험문제
산업안전기사 작업형 2019년 2회 1부 시험문제

변전실 부근에서 공놀이할 때의 재해방지대책 암기방법

화면 설명 :

공이 변전실 울타리 안쪽의 변압기 충전부에 떨어져,
공을 줍기 위해 근로자가 출입문을 통해 들어가,
공을 꺼내는 장면이다.

1. 전원 차단 확인 후에 공을 제거할 것.
2. 변전실 주변에 안전 표지판을 부착할 것.
3. 변전실 출입구에 잠금장치를 할 것.
4. 작업자들에게 안전교육을 실시할 것.

★

예상되는 재해 종류 : 전류 접촉(감전)

☞ 산업안전산업기사 작업형 2012년 1회 1부 시험문제

☞ 산업안전산업기사 작업형 2015년 2회 1부 시험문제

보안경의 종류, 차광 보안경의 종류, 차광 보안경의 주목적, 용접용 보안면의 투과율 종류

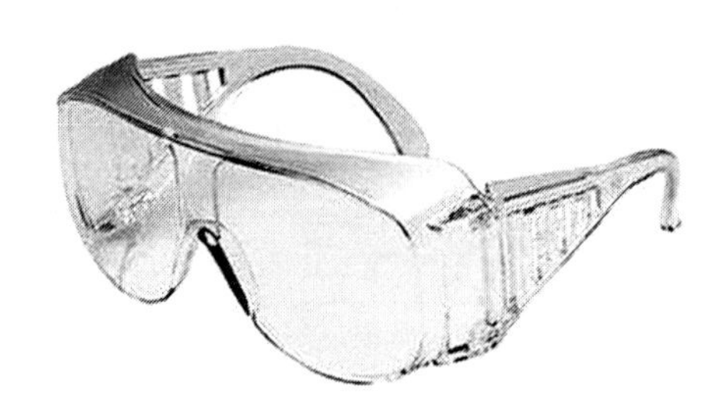

보안경의 종류

1. 유리 보안경
2. 플라스틱 보안경
3. 도수렌즈 보안경

보안경을 쓰고, '유플도(유리 플라스틱 칼)'를 휘두른다.

차광 보안경의 종류

1. 자외선용 보안경
2. 적외선용 보안경
3. 복합용 보안경
4. 용접용 보안경

'자 적 복 용'으로 암기할 것.
(차광 보안경을 쓰고 눈이 안 보여서,
자기 전에 약을 복용한다.)

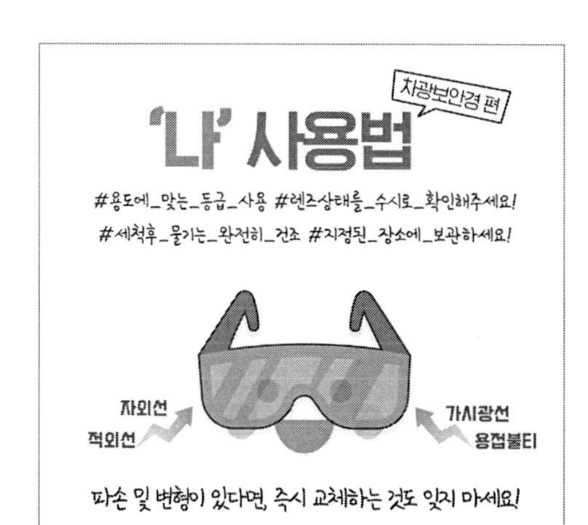

차광 보안경의 주목적

1. 자외선으로부터 눈 보호
2. 적외선으로부터 눈 보호
3. 가시광선으로부터 눈 보호

★
'자 적 가'로 암기할 것.
[차광 보안경을 쓰고, 잠을 자려는 목적으로
'자장가(자적가)'를 부른다.]

ㅂ

용접용 보안면의 투과율 종류

1. 자외선 (최대분광) 투과율
2. 적외선 투과율
3. 시감 투과율

【별표 11】 용접용 보안면의 성능기준(제31조 관련)

번호	구 분	내 용
1	종류	용접용 보안면의 종류는 용접필터의 자동변화유무에 따라 자동용접필터형과 일반용접필터형으로 구분한다.
		가. 용접용 보안면의 등급은 차광도 번호로 표시할 수 있고 자외선투과율, 적외선투과율 및 시감투과율의 기준에 적합해야 하며 이는 표 1과 같이 한다.

<표 1> 용접필터 차광등급

차광도 번호	자외선 최대 분광 투과율 ($\tau(\lambda)$)		시감 투과율 (τ_v)		적외선 투과율
	313nm (%)	365nm (%)	최대 (%)	최소 (%)	근적외부 분광투과율(τ_A) 780nm ~ 1,400nm (%)
1.2	0.0003	50	100	74.4	69
1.4	0.0003	35	74.4	58.1	52

★ 암기방법 :

용접용 보안면을 투과(통과)하기 좋게, 물에 '적시자'.

★ 분광(分光) :

빛이 파장의 차이에 따라서, 여러 가지 색의 띠로 나누어지는 일.

시감(視感) :

빛의 자극을 받아 눈으로 느끼는 감각.

투과(透過) :

광선이 물질의 내부를 통과함. 또는 그런 현상.

시감 투과율(視感 透過率) :

물체를 투과하는 광속과 물체에 입사하는 광속의 비.

☞ 산업안전산업기사 작업형 2013년 1회 1부 시험문제

☞ 산업안전산업기사 작업형 2014년 2회 2부 시험문제

☞ 산업안전산업기사 작업형 2019년 3회 2부 시험문제

☞ 산업안전산업기사 작업형 2015년 1회 2부 시험문제

☞ 산업안전기사 필답형 2016년 4월 19일 시험문제

☞ 산업안전기사 필답형 2020년 7월 25일 시험문제

보안면의 종류

1. 용접 보안면

용접 보안면은 일반적으로 안면 보호구로 분류하고 있으나,
구조상 눈을 보호하는 기능도 갖는다.
사용 구분은 아크 및 가스용접, 절단작업 시에 발생하는
유해광선으로부터 눈을 보호하고
용접시 발생하는 열에 의한 얼굴 및 목 부분의 열상이나
가열된 용재 등의 파편에 의한 화상의 위험으로부터
근로자를 보호하기 위해 사용한다.

용접 보안면

일반 보안면

2. 일반 보안면

일반 보안면은 용접 보안면과는 달리
면체 전체가 전부 투시 가능한 것으로,
주로 일반작업 및 점용접 작업시에 발생하는
각종 비산물과 유해한 액체로부터
안면, 목 부분, 머리 부위를 보호하기 위한 것이다.
또한 유해한 광선으로부터의 눈을 보호하기 위해,
단독으로 착용하거나 보안경 위에 겹쳐 착용한다.

보안면의 채색 투시부의 차광도에 따른 투과율 암기방법

차광도	투과율
밝음	50 ± 7
중간 밝기	23 ± 4
어두움	14 ± 4

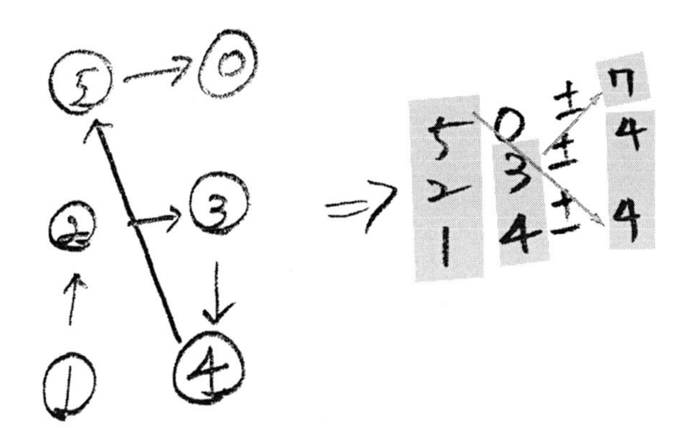

차광도(遮光度) :

용접할 때 눈을 보호할 수 있는 색상농도

투과율(透過率) :

광선이나 방사선이 물체를 투과하는 능력을 나타내는 비율

산업안전산업기사 작업형 2017년 2회 2부 시험문제

산업안전기사 작업형 2018년 2회 2부 시험문제

보일러 방호장치(보일러 폭발사고 방지장치) 4가지 암기방법

1. 압력 방출장치

2. 압력제한 스위치

3. 고저수위 조절장치

4. 화염 검출기

그림 만화로 보는 산업안전보건 기준에 관한 규칙

★ '압 제 고 화'로 암기할 것.
보일러의 압력(1)을 제한(2)했더니
머리 꼭대기(3)까지 화(4)가 났다.

★ 4번은 '화염 방지기'나 '화염 방사기'가 아님에 유의할 것.

산업안전기사 필답형 2014년 7월 6일 시험문제
산업안전기사 필답형 2019년 4월 13일 시험문제
산업안전기사 필답형 2019년 6월 29일 시험문제

보일러의 이상현상 중, '캐리 오버'의 원인 4가지 암기방법

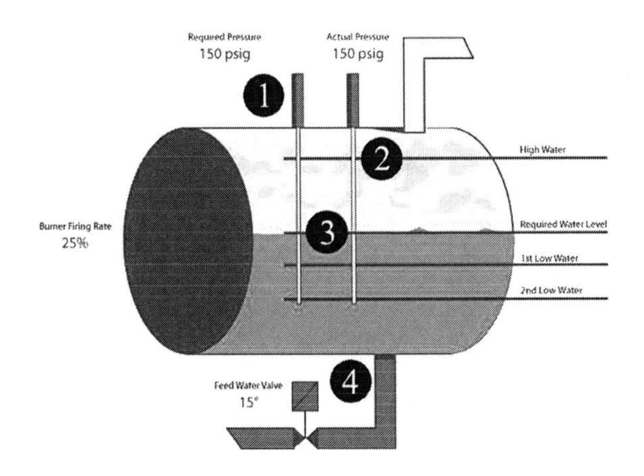

1. 기수 분리기의 고장
2. 보일러 부하가 급격하게 증대될 경우
3. 보일러 내의 수면이 비정상적으로 높게 될 경우
4. 압력의 급강하로 격렬한 자기증발을 일으킬 때

★ 보일러 동체를 연상하면서
위에서 아래로 내려가며 암기한다.

★ 기수 분리기(汽水 分離器) :
수증기 속에 포함되어 있는 물방울을 제거하는 장치.

★ 캐리 오버(carry over) :
보일러수 속의 용해 고형물이나 현탁 고형물이
증기에 섞여 보일러 밖으로 튀어 나가는 현상.
거품, 프라이밍 등의 이상 증발이 발생하면,
결과적으로 캐리 오버가 일어난다.

★ 캐리 오버 = 기수 공발

※ 산업안전기사 필답형 2015년 4월 18일 시험문제

보일러의 이상현상 중, '프라이밍'의 원인 3가지 암기방법

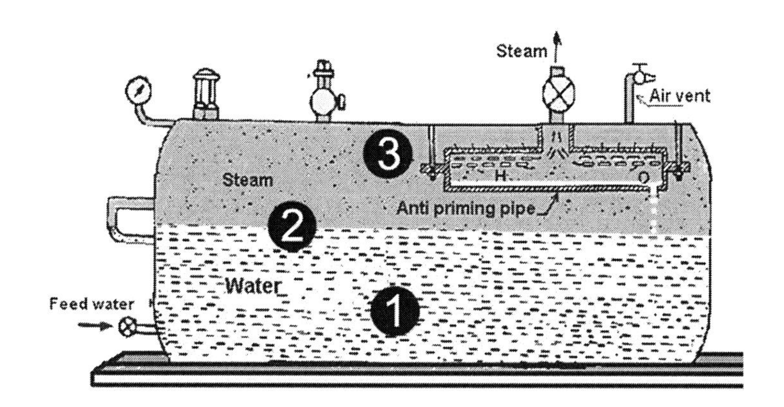

1. 보일러 관수의 농축
2. 보일러 수위의 과상승
3. 보일러 부하의 급변

★ 보일러 동체를 연상하면서
아래에서 위로 올라가며 암기한다.

★ 관수(罐水) : 보일러에 사용하는 물.
(= 보일러수)

★ 급변(急變) : 상황이나 상태가 갑자기 달라짐.

★ 프라이밍(비수현상) :
보일러 부하의 급변 등으로 수위가 급상승하여 증기와 분리되지 않고,
수면이 심하게 솟아올라 올바른 수위를 판단하지 못하는 현상.
('물안개'라고 연상하면 된다.)

☞ 산업안전기사 필답형 2012년 10월 14일 시험문제

보일러 취급시 이상현상 암기방법

1. 포밍(foaming) :
   '거품, 물거품'으로 암기할 것.

2. 프라이밍, 플라이밍, 기수현상(priming) :
   '물안개, 수증기가 일기 시작함'으로 암기할 것.

3. 캐리 오버, 기수 공발(carry over) :
   '공기와 물이 함께 발생함'으로 암기할 것.
   문제에 '고형물'이라는 말이 나오면 '캐리 오버'임.

4. 수격 작용, 워터 해머(water hammer) :
   '물망치로 배관을 강하게 침'으로 암기할 것.

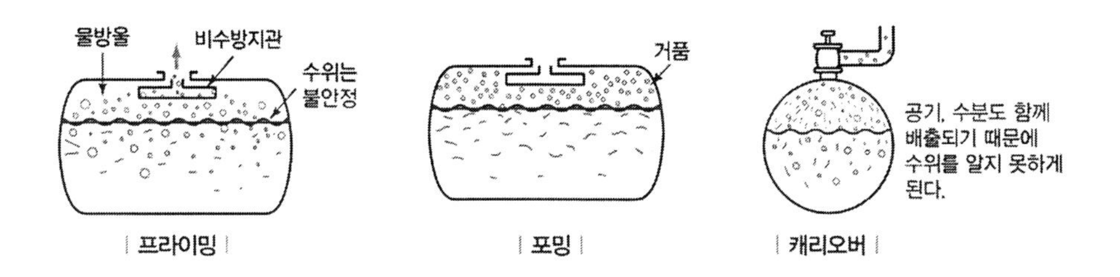

| 프라이밍 |　　| 포밍 |　　| 캐리오버 |

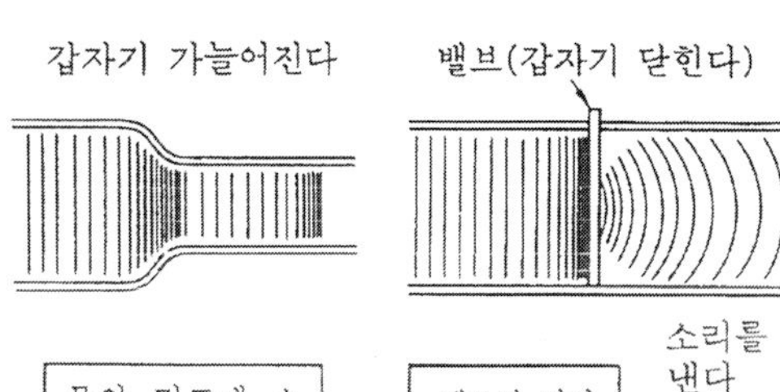

워터 해머(수격 작용)

보일링 현상과 히빙 현상의 지반 종류(조건)

1. 보일링 현상
   1) 물과 관련되어 있다.
   2) 수위 차이와 관련되어 있다.
   3) 사질토(모래) 지반이다.

★ 일반적으로 '보일러'도 물과 연관되어 있다.

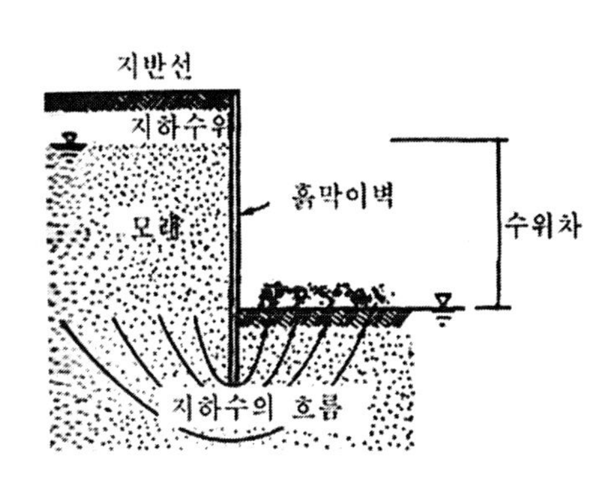

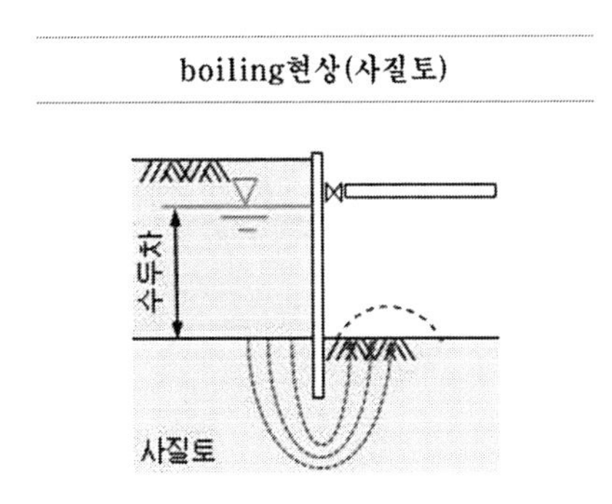

2. 히빙 현상
   1) 물과 관련이 없다.
   2) 중량 차이(토압)와 관련되어 있다.
   3) 연질 점토(연한 찰흙) 지반이다.

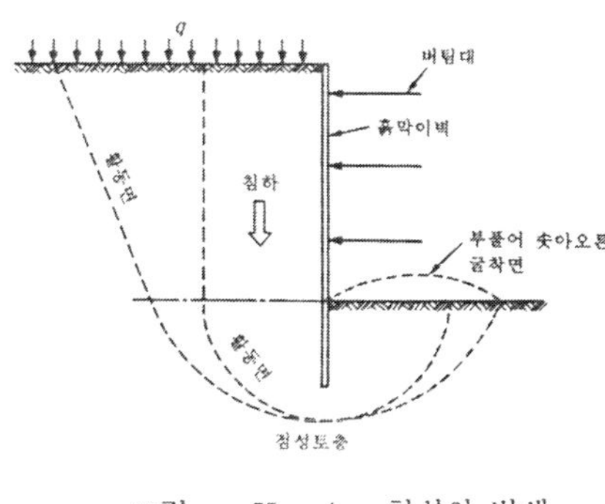

그림 Heaving 현상의 발생

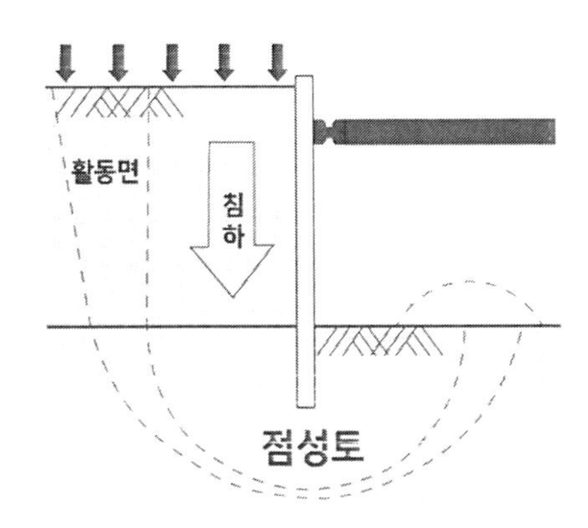

보일링 현상 방지대책 3가지 암기방법

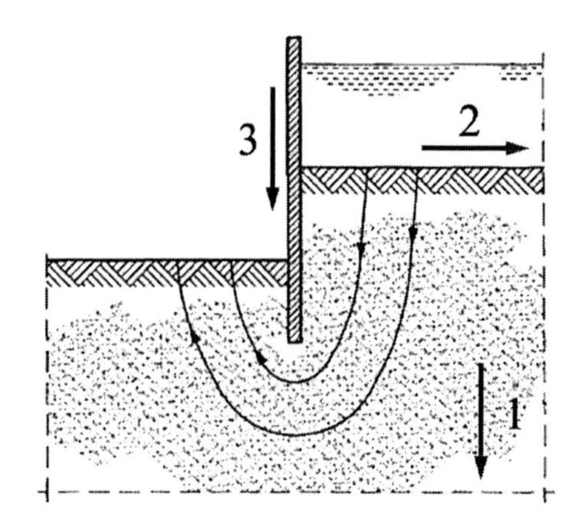

1. 지하수위 저하

2. 지하수 흐름 변경

3. 근입벽을 깊게 한다.

★

아래 → 위로 암기할 것(반시계 방향으로 암기할 것).

★

'지하수 흐름 변경' 대신에 '지하수 흐름 막기'로 해도 된다.

★

'근입벽을 깊게 한다' 대신에 '흙막이벽을 깊게 설치'로 해도 된다.

★

근입(根入) :

설비를 지지하기 위한 지지물의 밑동이나 철탑의 아랫부분을 땅에 묻는 일.

☞ 산업안전기사 필답형 2007년 1회차 시험문제

복잡한 시스템의 신뢰도나 고장확률을 평가할 때 사용하는 평가기법

1. 사상 공간법
2. 분해법
3. 경로 추적법

대원군은 복잡한 서울 고장(지역)에 있는
성균관이라는 사상 공간(1)에서
천주학(카톨릭)을 분해(2)한 다음,
천주교도들의 경로(3)를 추적했다.

'사 분 경'으로 암기해도 된다.
(4개로 나누어진 경로 - 4차선 교차로)

☞ 산업안전기사 필답형 2014년 4월 20일 시험문제

부딪힘/접촉(충돌)과 맞음(낙하비래)의 차이점

1. 부딪힘/접촉(충돌) :
물체에 부딪치거나 접촉됨.

2. 맞음(낙하비래) :
날아오거나 떨어진 물체에 맞음.

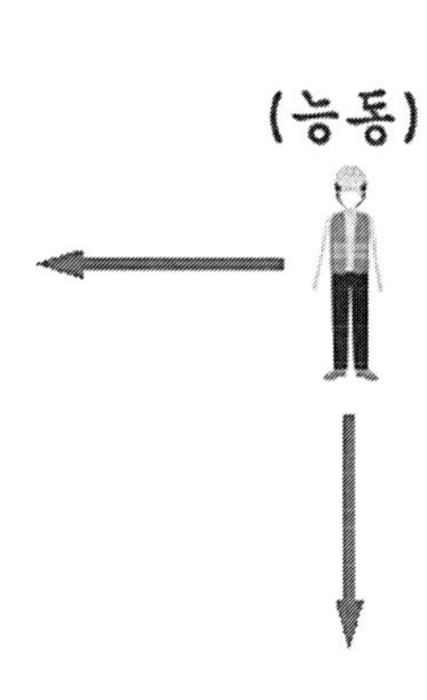

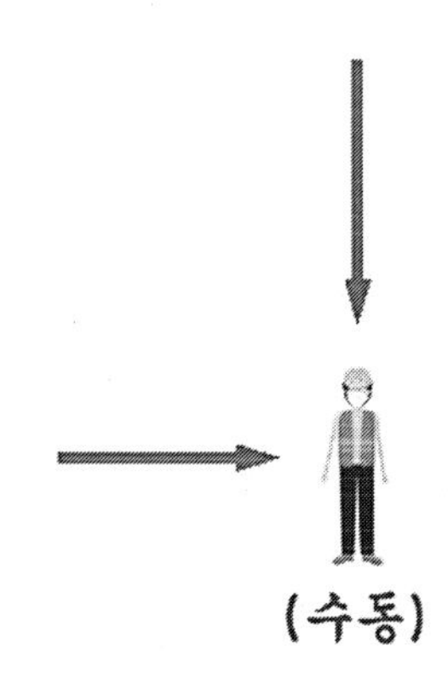

★
충부(충북의 옛말)에서는 충돌이 잦다.
충돌 = 부딪힘/접촉
(함께 ㅊ자가 들어감)

★
맞닥뜨리다(맞닥드리다)
맞음 = 낙하비래

☞ 산업안전산업기사 작업형 2013년 2회 1부 시험문제

분할날의 설치조건(분할날의 두께) 암기방법

분할날 두께는
톱 두께의 1.1배 이상이며, 치 진폭보다 작을 것.
$1.1 \times$ 톱 두께 $\leqq$ 분할날 두께 $<$ 치 진폭

★
친구가 '톱'을 '분해'해서 '치'가 떨린다.
(순서대로 외울 것)

★
원래는 $1.1t_1 <= t_2 < b$로 외워야 하나,
헷갈리므로 그냥 한글로 외우는 게 낫다.

★
'치진 폭' 아님.
'톱날(齒)의 진동 폭'이라는 뜻임.

★
작을 것 = 미만

★
분할날은 '목재가공용 둥근톱'의 방호장치이다.

☞ 산업안전산업기사 필답형 2019년 6월 29일 시험문제

비계가 갖추어야 할 구비조건 3가지 암기방법

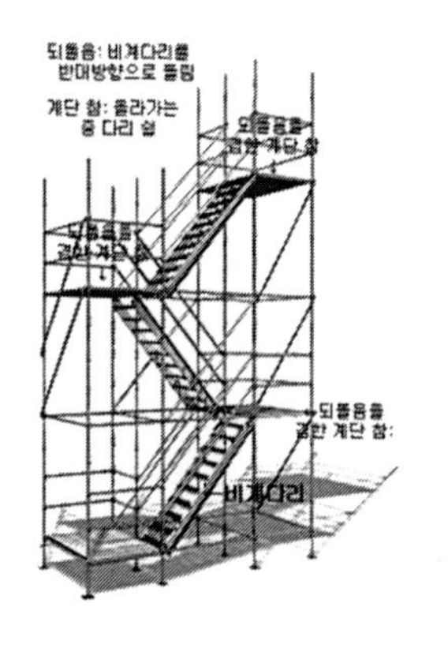

1. 경제성

2. 작업성

3. 안정성

★ 9개를 구비해야 하는 비계 다리는
경제적(1)으로 작업하기(2)에 안성맞춤(3)이다.

★ '구비 경작안'으로도 암기할 것.

☞ 산업안전산업기사 필답형 2019년 10월 12일 시험문제

비계 난간 상세도

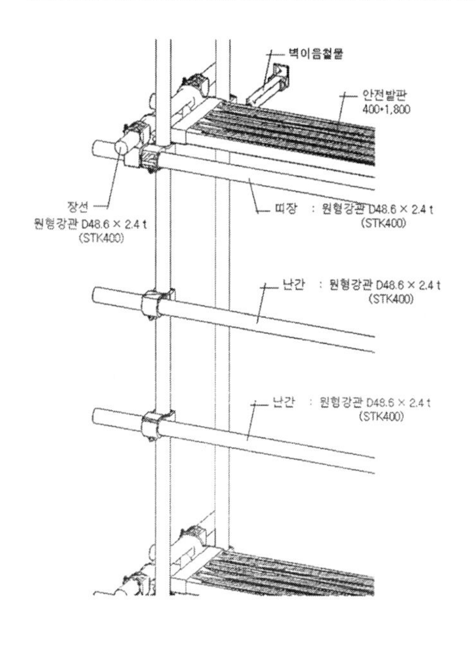

장선과 띠장은 비계 고정용이고,
난간은 작업자 보호용이다.

☞ 산업안전산업기사 필기 2020년 3회 시험문제

비계의 작업시작 전 점검사항 암기방법

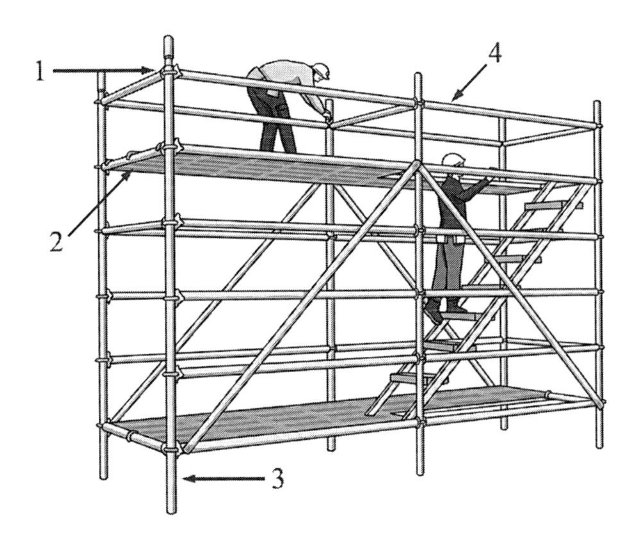

1. 연결 재료 및 연결철물의 손상 또는 부식 상태
2. 발판 재료의 손상여부 및 부착 또는 걸림 상태
3. 기둥의 침하, 변형, 변위 또는 흔들림 상태
4. 손잡이의 탈락 여부

★ 앞 글자를 따서
'연 발 기 손'으로 암기할 것.
(연발을 쏘는 기관총의 손)

★ 2번은 '발과 손을 부벼대는 걸인'으로 암기한다.
(부착과 걸림은 비슷한 뜻이다.)

★ '비계의 작업시작 전 점검사항'과 '비계의 점검 보수사항'은 동일하다.

☞ 산업안전산업기사 필답형 2014년 7월 6일 시험문제
☞ 산업안전산업기사 필답형 2018년 4월 14일 시험문제
☞ 산업안전산업기사 필답형 2020년 11월 29일 시험문제
☞ 산업안전기사 필답형 2012년 4월 22일 시험문제
☞ 산업안전기사 필답형 2012년 10월 14일 시험문제

☞ 산업안전기사 필답형 2013년 7월 14일 시험문제

☞ 산업안전기사 필답형 2013년 10월 6일 시험문제

☞ 산업안전기사 필답형 2016년 7월 12일 시험문제

☞ 산업안전기사 필답형 2020년 5월 24일 시험문제

비계, 작업시작 전 점검사항, 점검 보수사항 암기방법

비계 작업시작 전 점검사항
정말 안 외워지더라구요.

요즘 연기 못하는 연기자들 발연기 한다고 하잖아요.
그래서
"발연기로 당선된 연기자 문제야."라고
외우시면 편할 거라 생각되네요.

발판 재료의 손상, 걸림 상태
연결 재료, 연결철물의 손상, 부식 상태
기둥의 침하, 변형, 변위, 흔들림 상태
로프의 부착 상태, 매단 장치의 흔들림 상태
당해 비계의 연결부, 접속부 풀림 상태
손잡이의 탈락 여부

이렇게 앞 글자만 외운 후에, 대입해서 암기해 보세요.

외우다 보면
'당해(해당) 비계의 연결부 또는 접속부의 풀림 상태'에서
연결부 접속부 헷갈리거든요.

그럴 때
'당 비 면 접(당 비 연 접)'
이렇게 외워두면 좋을 거라 생각합니다.

비등액체 팽창 증기폭발(Bleve, 블레비)에 영향을 주는 인자 암기방법

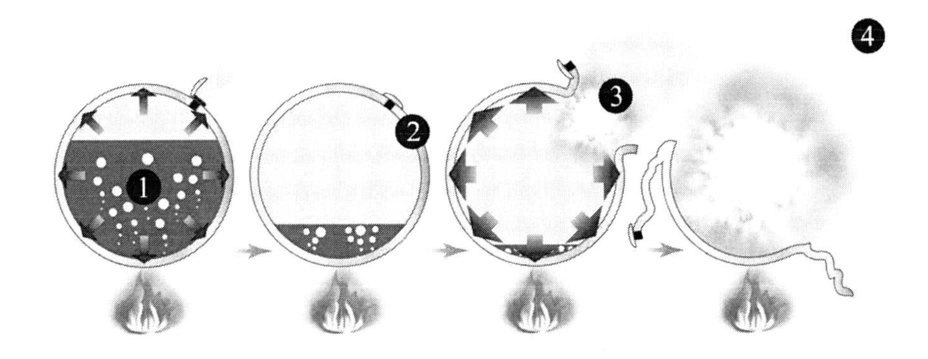

1. 저장된 물질의 종류와 형태
2. 저장용기의 재질
3. 저장된 물질의 인화성 여부
4. 주위 온도와 압력

★

'저 용 인 주'로 암기할 것.

★

비등 액체 = 끓는점 액체, 끓는 액체

인자 = 요소

인화성(引火性) : 불이 잘 붙는 성질.

★

1번과 3번은 서로 연결되어 있다.

산업안전기사 필답형 2018년 4월 14일 시험문제

비상구의 설치기준

1.
출입구와 같은 방향에 있지 아니하고, 출입구로부터 3미터 이상 떨어져 있을 것.

2.
작업장의 각 부분으로부터
하나의 비상구 또는 출입구까지의 수평거리가 50미터 이하가 되도록 할 것.

3.
비상구의 너비(폭)는 0.75미터 이상으로 하고, 높이는 1.5미터 이상으로 할 것.

4.
비상구의 문은 피난 방향(바깥쪽)으로 열리도록 하고,
실내에서 항상 열 수 있는 구조로 할 것.

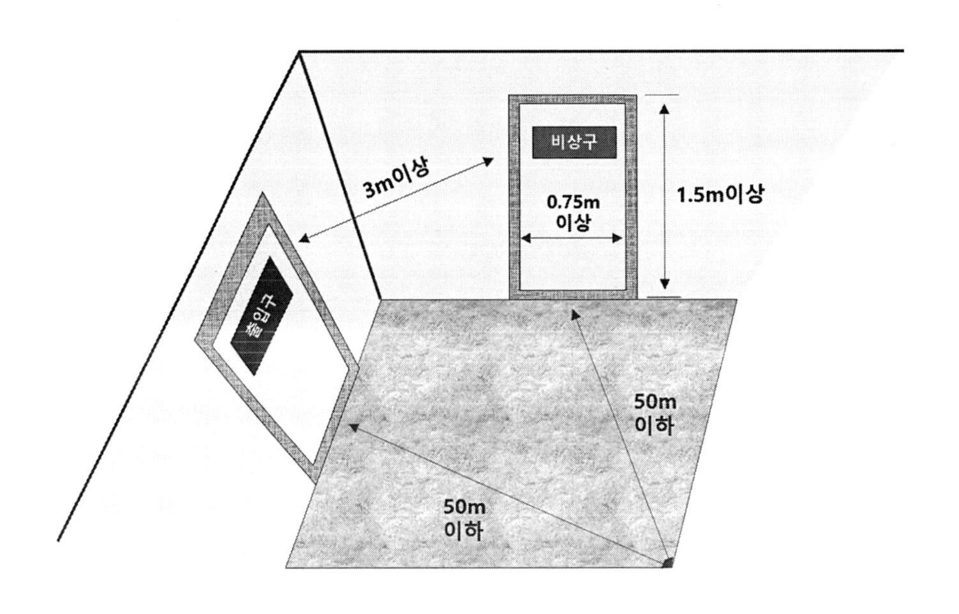

★
0.75m = 75㎝
50m만 '이하'임에 유의할 것.

산업안전기사 필답형 2012년 10월 14일 시험문제

사고 통계에 의한 재해 분석방법(재해 통계방법) 4가지 암기방법

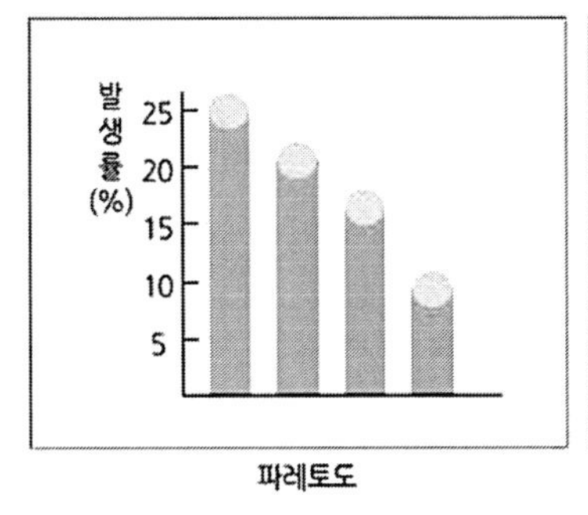

파레토도

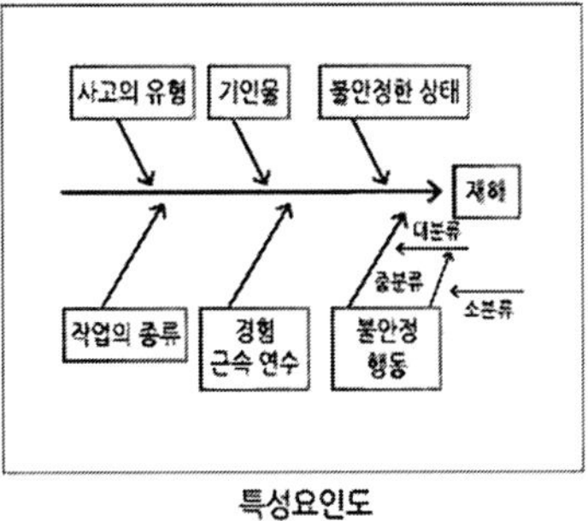

특성요인도

클로즈도

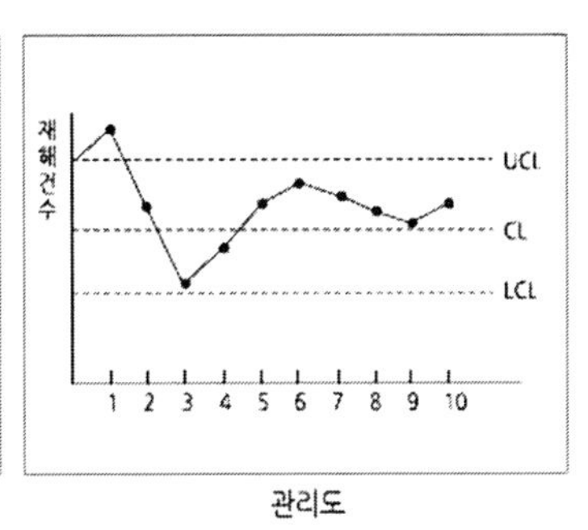

관리도

1. 파레토도 : 큰 순서 막대 그래프
2. 특성 요인도 : 어골(생선 뼈다귀)
3. 크로스 분석 : 상호 관계(풍선 모양)
4. 관리도 : 시간 경과

★ 통계청 직원들은 파(1)를 특이(2)하게 크게(3) 관리(4)하는구나.

★ '크로스 분석'은 '클로즈 분석'이라고도 함.

★ '파레토도'는 큰 빌딩처럼 생긴 것을 팔기 위해서 '파레토도'라고 암기한다.

★ '특성 요인도'는 특이하게 생선뼈처럼 생겼다고 '특성 요인도'라고 암기한다.

산업안전산업기사 필답형 2014년 10월 5일 시험문제
산업안전산업기사 필답형 2021년 10월 16일 시험문제

사다리식 통로의 구조 암기방법

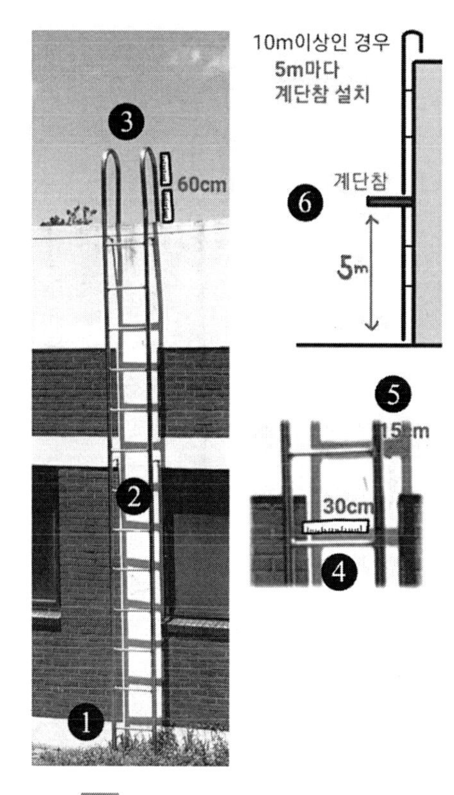

그림 오이행의 관심만땅 창고 블로그

1.
견고한 구조로 할 것.
2.
발판의 간격은 일정하게 할 것.
3.
사다리의 상단은
걸쳐놓은 지점으로부터
60㎝ 이상 올라가도록 할 것.
4.
사다리의 폭은 30㎝ 이상으로 할 것.
5.
사다리 발판과 벽과의 사이는
15㎝ 이상의 간격을 유지할 것.
6.
사다리식 통로의 길이가
10m 이상인 경우에는
5m 이내마다 계단참을 설치할 것.

★ 발판의 간격은 위아래 간격을 말함.

★ 3번은 이동식 사다리에 대한 설명에 가깝다.

★ 5번과 6번은 고정식 사다리에 대한 설명에 가깝다.

☞ 산업안전산업기사 필답형 2018년 6월 30일 시험문제

'사무직, 판매직, 판매직 외, 관리감독자'의 안전보건 교육시간 암기방법

교육 대상	교육 시간
사무직	매분기 3시간 이상
판매직	매분기 3시간 이상
판매직 외	매분기 6시간 이상
관리감독자	연간 16시간 이상

사 판 외 관
3 3 6 16
이렇게 외울 것.

★
'사 판 외 관'은 모두 정규직 근로자로
'정기 교육'을 받는다.

★
'매분기, 연간, 이상'을 절대 빼먹지 말 것.

☞ 산업안전산업기사 필답형 2017년 10월 19일 시험문제

☞ 산업안전기사 필답형 2013년 4월 21일 시험문제

사출 성형기 감전재해 예방을 위한, 이물질 제거작업 시 안전작업방법

1. 전원을 차단하고, 이물질을 제거한다.
2. 이물질 제거 시, 전용 공구(수공구)를 사용한다.
3. 감전 우려가 있는 부위에, '인터록 구조'로 된 '게이트 가드'를 설치한다.
4. 작업자가 절연장갑을 착용한다.
5. 작업 지휘자를 배치한다.
6. 근로자들에게 전기 안전교육을 실시한다.

★

4, 5, 6번은 6개까지 적어야 할 때 서술한다.

★

'인터록 구조(연동 구조)'가
'게이트 가드' 방호장치 안에 들어간다.

★

절연장갑을 착용하고 금형에 손을 넣는 것보다는
위험한 금형에 직접 손을 넣지 않고,
전용공구를 사용하는 것이 더 올바른 방법이다.
항목 수가 된다면 절연장갑을 제외하고, 부족하다면 적어 넣는다.

산업안전기사 작업형 2022년 2회 시험문제

사출 성형기 금형의 이물질 제거 시 감전사고의 기인물, 가해물

사출 성형기의 주요 구조

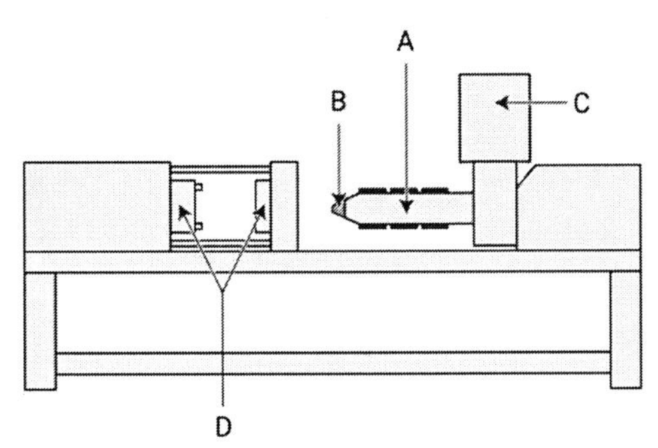

A : 실린더(재료 가열부)
B : 노즐(액화된 재료를 사출)
C : 호퍼(재료 투입구)
D : 금형(양쪽 금형이 맞닿는 사이에 재료를 부어 넣는다)

1. 기인물 : 사출 성형기
2. 가해물 : 금형

★ 작업자가 해당부품과 접촉하여 감전시, 가해물은 해당부품이며,
미접촉하여 감전시, 가해물은 '전기'가 된다.

★ '금형' 대신 '노즐'이 대신 문제에 나오기도 한다.

★ 프레스 :
외력(외부압력)을 가해서 구멍을 내거나,
절단 및 소성 변형으로 갖가지 형상을 만들어 내는 기계

★ 사출 성형기 :
합성 수지(플라스틱) 등의 재료를 가열해서 녹이고,
금형에 주입한 뒤 냉각시켜, 원하는 모양(성형)을 만드는 기계

☞ 산업안전산업기사 작업형 2012년 1회 1부 시험문제
☞ 산업안전산업기사 작업형 2020년 1회 1부 시험문제

사출 성형기 금형의 이물질 제거 시 재해유형과 방호장치

1. **재해유형** : 끼임
2. **방호장치** : 게이트 가드식, 양수조작식

'양수기동식' 아님에 유의할 것.
'감전사고'가 아님에 유의할 것.

'게이트 가드식'에 '인터록 방식'이 포함되어 있으므로
방호장치를 '게이트 가드식, 인터록 방식'으로 하면 안 된다.

★

사출 성형기 등의 방호장치(법령 내용)

①

사업주는 사출 성형기(射出 成形機)·주형 조형기(鑄型 造形機) 및 형 단조기(프레스 등은 제외) 등에 근로자의 신체 일부가 말려들어갈 우려가 있는 경우, 게이트 가드(gate guard) 또는 양수조작식 등에 의한 방호장치, 그 밖에 필요한 방호조치를 하여야 한다.

②

게이트 가드는 닫지 아니하면, 기계가 작동되지 아니하는 연동 구조(連動 構造, 인터록 구조)여야 한다.

③

사업주는 사출 성형기(射出 成形機)·주형 조형기(鑄型 造形機) 및 형 단조기(프레스 등은 제외) 등의 가열 부위 또는 감전 우려가 있는 부위에는 방호덮개를 설치하는 등 필요한 안전조치를 하여야 한다.

☞ 산업안전산업기사 작업형 2012년 1회 1부 시험문제
☞ 산업안전산업기사 작업형 2017년 2회 1부 시험문제

산업안전 관리비로 사용 가능한 항목 암기방법

[보기]

① 면장갑 및 코팅장갑의 구입비
② 안전보건 교육장 내 냉난방 설비 설치비
③ 안전보건 관리자용 안전 순찰차량의 유류비
④ 교통 통제를 위한 교통 정리자의 인건비
⑤ 외부인 출입금지, 공사장 경계표시를 위한 가설 울타리
⑥ 위생 및 긴급피난용 시설비
⑦ 안전보건 교육장의 대지 구입비
⑧ 안전관련 간행물, 잡지 구독비

정답 : ②, ③, ⑥, ⑧

★

'냉난방'이 설치된 '순찰차량'으로 '긴급 피난'해서
'잡지를 구독'한다.

☞ 산업안전기사 필답형 2013년 4월 21일 시험문제

산업안전보건법상의 위험물질의 종류 암기방법

- 문제 :

다음은 위험물질의 종류이다.
산업안전보건법상의 위험물질의 종류에 따라,
(1)과 (2)에 해당하는 물질을 2가지씩 적으시오.

① 황
② 염소산
③ 하이드라진 유도체
④ 아세톤
⑤ 과망간산
⑥ 니트로 화합물

⑦ 수소
⑧ 리튬

(1) 폭발성 물질 및 유기 과산화물 : ③, ⑥
(2) 물반응성 물질 및 인화성 고체 : ①, ⑧

기사 사진

걸그룹 EXID의 하니(3, 6)는
가끔씩 폭발하는 위험인물이다.

기사 사진

황정리(1, 8)는 물가에만 가면,
발작반응이 일어난다.
(한국 무술배우 이름으로, 발차기를 잘함)

※ 산업안전기사 필답형 2011년 5월 1일 시험문제

산업안전보건 위원회 - 회의록 포함사항 암기방법

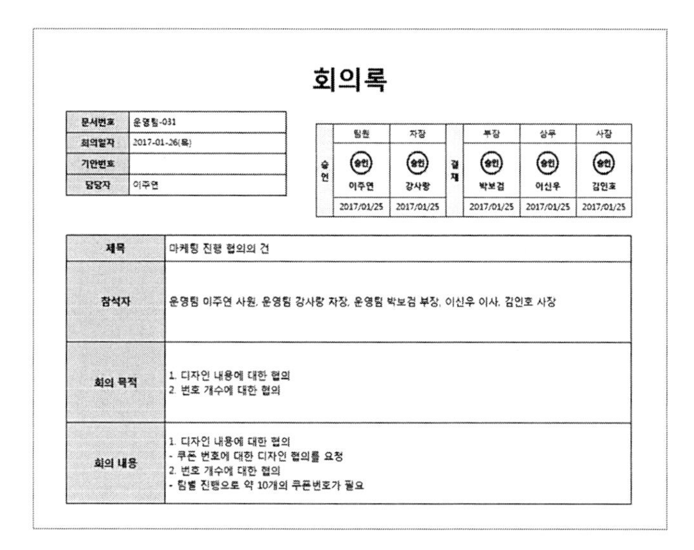

회의록

문서번호	운영팀-031
회의일자	2017-01-26(목)
기안번호	
담당자	이주연

승인	팀원	차장	결재	부장	상무	사장
	승인 이주연	승인 강사랑		승인 박보검	승인 이신우	승인 김인호
	2017/01/25	2017/01/25		2017/01/25	2017/01/25	2017/01/25

제목	마케팅 진행 협의의 건
참석자	운영팀 이주연 사원, 운영팀 강사랑 차장, 운영팀 박보검 부장, 이신우 이사, 김인호 사장
회의 목적	1. 디자인 내용에 대한 협의 2. 번호 개수에 대한 협의
회의 내용	1. 디자인 내용에 대한 협의 - 쿠폰 번호에 대한 디자인 협의를 요청 2. 번호 개수에 대한 협의 - 팀별 진행으로 약 10개의 쿠폰번호가 필요

〈일반적인 회의록 양식〉

1. 개최일시 및 장소
2. 출석 위원
3. '심의 내용' 및 '의결·결정사항'
4. 그 밖의 토의사항

★

회의를 하기 위해서는

① 개최할 일시(날짜)와 장소를 먼저 정한 다음,

② 출석할 사람(위원)들을 불러낸다.

그다음 출석위원들이 회의를 하면서

③ 심의할 내용을 의논해서 결정하고,

그다음

④ 그 밖의 내용을 토의한다.

(시간순으로 이해하면서 외운다)

★

'개 출 심 그'로도 외운다.

ㅅ

(무작정 앞 글자만 외우면, 나중에 생각이 안 날 수 있다.)

☞ 산업안전기사 필답형 2021년 10월 16일 시험문제

산업재해가 발생한 때 사업주가 기록, 보존해야 하는 사항

1. 사업장의 개요 및 근로자의 인적사항
2. 재해 발생의 일시 및 장소
3. 재해 발생의 원인 및 과정
4. 재해 재발방지 계획

★

1. 누가
2. 언제, 어디서
3. 어떻게
4. 했나?

★

'사근 일장 원과 계획'으로 외울 것.

★

개요(槪要) : 간결하게 추려낸 주요 내용

☞ 산업안전산업기사 필답형 2018년 10월 6일 시험문제

■ 산업안전보건법 시행규칙 [별지 제30호서식]

산업재해조사표

※ 뒤쪽의 작성방법을 읽고 작성해 주시기 바라며, [ ]에는 해당하는 곳에 √ 표시를 합니다. (앞쪽)

I. 사업장 정보	①산재관리번호(사업개시번호)			사업자등록번호		
	②사업장명			③근로자 수		
	④업종			소재지	(-)	
	⑤재해자가 사내 수급인 소속인 경우(건설업 제외)	원도급인 사업장명		⑥재해자가 파견근로자인 경우	파견사업주 사업장명	
		사업장 산재관리번호(사업개시번호)			사업장 산재관리번호(사업개시번호)	
	건설업만 작성	발주자		[ ]민간 [ ]국가·지방자치단체 [ ]공공기관		
		⑦원수급 사업장명		공사현장 명		
		⑧원수급 사업장 산재관리번호(사업개시번호)				
		⑨공사종류		공정률	%	공사금액 백만원

※ 아래 항목은 재해자별로 각각 작성하되, 같은 재해로 재해자가 여러 명이 발생한 경우에는 별도 서식에 추가로 적습니다.

II. 재 정	성명		주민등록번호(외국인등록번호)		성별	[ ]남 [ ]여
	국적 ❶	[ ]내국인 [ ]외국인 [국적: ⑩체류자격:]			⑪직업	
	입사일	년 월 일	⑫같은 종류업무 근속기간		년 월	
	❷ ⑬고용형태	[ ]상용 [ ]임시 [ ]일용 [ ]무급가족종사자 [ ]자영업자 [ ]그 밖의 사항 [ ]				
	⑭근무형태	[ ]정상 [ ]2교대 [ ]3교대 [ ]4교대 [ ]시간제 [ ]그 밖의 사항 [ ]				
	⑮상해종류(질병명)		⑯상해부위(질병부위)		⑰휴업예상일수	휴업 [ ]일
					사망 여부	[ ] 사망

III. 재해 발생 개요 및 원인	⑱ 재해 발생 개요	발생일시 ❸	[ ]년 [ ]월 [ ]일 [ ]요일 [ ]시 [ ]분
		발생장소	
		재해관련 작업유형	
		재해발생 당시 상황	
	⑲재해발생원인		
IV. ⑳재발방지 계획	❹		

※ 위 재발방지 계획 이행을 위한 안전보건교육 및 기술지도 등을 한국산업안전보건공단에서 무료로 제공하고 있으니 즉시 기술지원 서비스를 받고자 하는 경우 오른쪽에 √ 표시를 하시기 바랍니다.	즉시 기술지원 서비스 요청[ ]

작성자 성명

작성자 전화번호　　　　작성일　　년　　월　　일

사업주　　　　(서명 또는 인)

근로자대표(재해자)　　　　(서명 또는 인)

( )지방고용노동청장(지청장) 귀하

재해 분류자 기입란 (사업장에서는 작성하지 않습니다)	발생형태	□□□	기인물	□□□□□
	작업지역·공정	□□□	작업내용	□□□

210mm×297mm[백상지(80g/㎡) 또는 중질지(80g/㎡)]

1. 재해자의 국적
2. 고용 형태
3. 재해 발생일시
4. 재발방지 계획

★ '급여 수준, 응급조치 내역, 인적피해 및 물적피해, 재해자 복직 예정일'은 산업재해 조사표에 포함되지 않는다.

('급여를 응급조치하는데 다 썼더니, 물적 피해가 너무 커서,
마누라를 복직시켰다.'로 암기할 것.)

☞ 산업안전기사 필답형 2011년 5월 1일 시험문제

산업재해 조사표의 주요 작성항목 - 2

■ 산업안전보건법 시행규칙 [별지 제30호서식]

산업재해조사표

※ 뒤쪽의 작성방법을 읽고 작성해 주시기 바라며, [ ]에는 해당하는 곳에 √ 표시를 합니다. (앞쪽)

I. 사업장 정보				
	①산재관리번호 (사업개시번호)		사업자등록번호	
	②사업장명		③근로자 수	
	④업종		소재지	(-)
	⑤재해자가 사내 수급인 소속인 경우(건설업 제외)	원도급인 사업장명	⑥재해자가 파견근로자인 경우	파견사업주 사업장명
		사업장 산재관리번호 (사업개시번호)		사업장 산재관리번호 (사업개시번호)
	건설업만 작성	발주자		[ ]민간 [ ]국가·지방자치단체 [ ]공공기관
		⑦원수급 사업장명	공사현장 명	
		⑧원수급 사업장 산재관리번호(사업개시번호)		
		⑨공사종류	공정률 %	공사금액 백만원

※ 아래 항목은 재해자별로 각각 작성하되, 같은 재해로 재해자가 여러 명이 발생한 경우에는 별도 서식에 추가로 적습니다.

II. 재해 정보				
	성명	주민등록번호 (외국인등록번호)	성별	[ ]남 [ ]여
	국적	[ ]내국인 [ ]외국인 [국적: ⑩체류자격:]	⑪직업	
	입사일 ❶ 년 월 일		⑫같은 종류업무 근속기간	년 월
	⑬고용형태 [ ]상용 [ ]임시 [ ]일용 [ ]무급가족종사자 [ ]자영업자 [ ]그 밖의 사항 [ ]			
	⑭근무형태 [ ]정상 [ ]2교대 [ ]3교대 [ ]4교대 [ ]시간제 [ ]그 밖의 사항 [ ]			
	⑮상해종류 (질병명) ❷	⑯상해부위 (질병부위)	⑰휴업예상 일수	휴업 [ ]일
			사망 여부	[ ] 사망

III. 재해 발생 개요 및 원인		
	⑱ 재해 발생 개요	발생일시 ❸ [ ]년 [ ]월 [ ]일 [ ]요일 [ ]시 [ ]분
		발생장소
		재해관련 작업유형
		재해발생 당시 상황
	⑲재해발생원인	
IV. ⑳재발방지 계획		

※ 위 재발방지 계획 이행을 위한 안전보건교육 및 기술지도 등을 한국산업안전보건공단에서 무료로 제공하고 있으니 즉시 기술지원 서비스를 받고자 하는 경우 오른쪽에 √ 표시를 하시기 바랍니다.	즉시 기술지원 서비스 요청[ ]

작성자 성명
작성자 전화번호 작성일 년 월 일
사업주 (서명 또는 인)
근로자대표(재해자) (서명 또는 인)

( )지방고용노동청장(지청장) 귀하

재해 분류자 기입란 (사업장에서는 작성하지 않습니다)	발생형태 ❹	□□□	기인물 ❺	□□□□□
	작업지역·공정	□□□	작업내용	□□□

210mm×297mm[백상지(80g/㎡) 또는 중질지(80g/㎡)]

1. 고용 형태
2. 상해 종류
3. 발생 일시
4. 발생 형태
5. 기인물

★ '목격자 인적사항, 재해 발생대책, 재해발생 후 첫 출근일자'는
산업재해 조사표에 포함되지 않는다.
('목격자가 발생대책을 세운 다음, 첫 출근했다.'로 암기한다.)

★ '가해물'은 조사표에는 없으나, 작성요령에는 적는 것으로 나와 있다.

★ 산업재해 조사표에는
'재발방지 계획'은 있으나, '재해 발생대책'은 없다는 것에 유의할 것.

☞ 산업안전기사 필답형 2012년 4월 22일 시험문제

상시 근로자 50인 이상, 산업안전보건 위원회 설치대상 사업 종류 암기방법

1. 토사석 광업
2. 목재 및 나무제품 제조업(가구는 제외)
3. 1차 금속 제조업
4. 비금속 광물제품 제조업
5. 금속 가공제품 제조업(기계 및 가구는 제외)

★ '토목 금속'으로 암기한다.
(금속과 관련된 사업은 3개이다.)

★ '50인 이상'이라는 것은 다른 산업들에 비해,
많이 위험하다는 것을 의미한다.

☞ 산업안전기사 필답형 2011년 5월 1일 시험문제

생체 리듬의 변화 암기방법

1. 야간에는 체중이 감소한다.
2. 야간에는 말초운동 기능이 저하된다.
3. 체온, 혈압, 맥박수는 주간에 상승하고, 야간에 감소한다.
4. 혈액의 수분과 염분량은 주간에 감소하고, 야간에 증가한다.

★ 수염은 야간에 자란다(증가한다).

★ 밤에 물과 소금을 많이 먹는다(야식을 하기 때문에).

산업안전기사 필기 2021년 1회 시험문제

선박 탱크 내부 슬러지 처리작업의 비상시 피난용구 암기방법

- 문제 :

  화면은 선박 탱크 내부의 슬러지 처리작업을 보여준다.
  작업 도중, 한 작업자가 의식을 잃고 쓰러진다.
  이러한 사고에 대비해 필요한
  비상시 피난용구 3가지를 적으시오.

  해답 :

  1. 송기 마스크 또는 공기 호흡기
  2. 안전대
  3. 도르래
  4. 구명 밧줄

★

쓰러진 작업자에게

먼저 송기 마스크(1)를 통해, 산소를 공급한다.

그다음 쓰러진 작업자에게 안전대(2)를 입힌 다음,

상단부에 도르래(3)를 걸고

구명 밧줄(4)을 통해

쓰러진 작업자를 탱크 밖으로 이송시킨다.

★

추가 암기항목

5. 섬유 로프

6. 사다리

☞ 산업안전기사 작업형 2013년 1회 1부 시험문제

☞ 산업안전기사 작업형 2014년 1회 1부 시험문제

석면 관련질환 암기방법

[석면관련 질환]

석면관련 질환	내 용	폐의 모습
악성중피종 (Mesothelioma)	- 흉막이나 복막의 중피에 발생하는 악성종양으로, 석면 노출과의 관련성이 매우 높은 질병이다. - 이 질병은 고치기는 불가능하며, 대부분 1년을 못 넘기고 사망한다. - 일반적으로 석면에 처음 노출된 뒤 30~40년 후에 발병하는 매우 오랜 잠복기간을 보이는 질환이다.	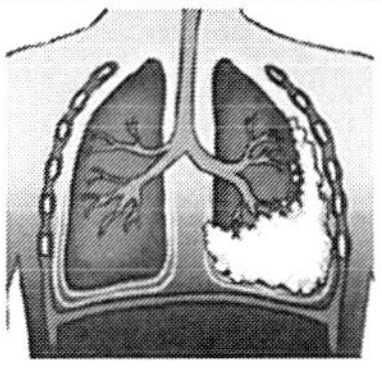
석면폐 (Asbestosis)	- 일정기간 동안 많은 양의 석면섬유에 노출되었던 근로자들에게 주로 발생되며, 폐의 탄력(횡경막의 근육 수축 작용을 호흡하는 능력)이 떨어져 숨쉬기가 매우 어렵게 되는 질환이다. - 모든 형태의 석면이 석면폐를 일으킬 가능성이 있으며 잠복기는 10~30년이다. - 주요증상으로는 호흡곤란, 제한성 폐기능 변화, 마른 기침 등이 있다.	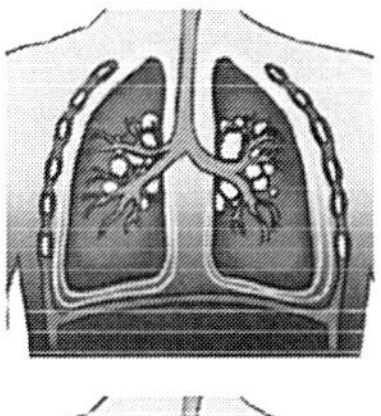
폐암 (Lung Cancer)	- 석면 노출로 인한 폐암은 발병 전에 30년 내외의 잠복기 이후에 나타난다. - 석면폐와 같이 석면에 노출된 양이 많을수록 발병할 가능성이 높다. - 흡연자의 경우는 석면의 노출로 인한 폐암 발생위험은 흡연을 하지 않는 일반 사람에 비해 50배 이상 된다.	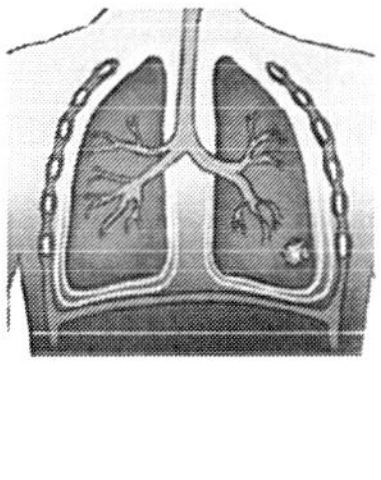

1. 폐암
2. 석면 폐증
3. 악성 중피종

★
석면 먼지(분진) 때문에
폐(1)가 썩어서(2) 악바리(3)가 되었다.

★
특급 방진 마스크를 착용하지 않고
면 마스크를 착용하고 작업하면
석면 직업병에 걸리게 된다.

★
중피 : 심장을 싸고 있는 세포
종 : 종양

☞ 산업안전기사 작업형 2013년 1회 1부 시험문제

☞ 산업안전기사 작업형 2015년 1회 1부 시험문제

슬럼프, 슬래그, 슬러지, 슬래브, 스케일의 차이점

1. 슬럼프(slump) : 반죽 질기, 유동성(콘크리트), 콘크리트의 부드러운 정도.
2. 슬래그(slag) : 광석 부산물, 광재, 용재, 쇠 찌꺼기.
3. 슬러지(sludge) : 하수처리 침전물, 정수과정 침전물, 어항 속 부유물.
4. 슬래브(슬라브, slab) : 천정, 바닥(건물).
5. 스케일(scale) : 찌꺼기, 물때, 치석, 배관 석회자국, 퇴적물.

☞ 산업안전기사 필기 2020년 1회 시험문제

(슬레이트, 선라이트 등) 강도 약한 지붕작업 시 위험방지 조치 암기방법

1. 근로자는 안전대 착용.
2. 폭 30㎝ 이상의 발판을 설치할 것.
3. 채광창에는 견고한 구조의 덮개를 설치할 것.
4. 지붕의 가장자리에 안전난간을 설치할 것.

★

채광창(採光窓, SkyLight) : 햇빛을 받기 위하여 내는 창문.

산업안전산업기사 필답형 2020년 10월 17일 시험문제

습윤한 장소에 사용되는 이동전선의 사용 전 조치사항 암기방법

1. 누전 차단기를 설치할 것.

2. 이동전선은
   충분한 절연효과가 있는 것을 사용한다.

3. 전선의 접속부는 충분히 피복하거나,
   적합한 접속기구를 사용할 것.
   (접지형 콘센트 및 플러그)

4. 절연피복의 손상, 노화로 인한
   감전을 방지하기 위해
   필요한 조치를 할 것.

★
누전 차단기 → 절연 효과 → 접속부 → 노화

산업안전기사 작업형 2013년 3회 1부 시험문제
산업안전기사 작업형 2020년 1회 3부 시험문제

습윤한 장소에서 감전재해방지 및 이동전선 사용 시 점검사항 암기방법

동영상 설명 :

작업자들이 무채 작업을 하고 있는 장면.
작업자의 무릎 정도로 물이 차 있는 상태에서
전기 기구를 손에 쥐고 작업하고 있으며,
이동 전선은 물속에 잠겨 있는 상태이다.

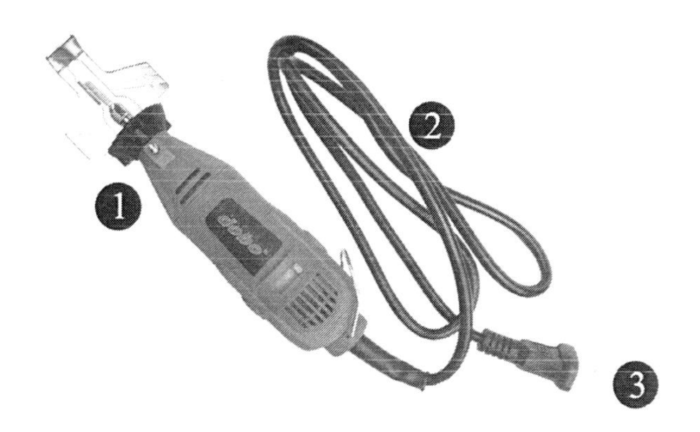

1. 누전 차단기를 설치할 것.
2. 전선은 충분한 절연효과가 있는 것을 사용할 것.
3. 전선의 접속부는 충분히 피복하거나, 적합한 접속기구를 사용할 것.
   (접지형 콘센트 및 접지형 플러그)

★ 왼쪽 → 오른쪽으로 암기할 것.

★ 1번은 전기 기구에 누전 차단기를 설치하라는 뜻이다.

★ 피복(被覆) : 거죽을 덮어씌움. 또는 그런 물건.

★

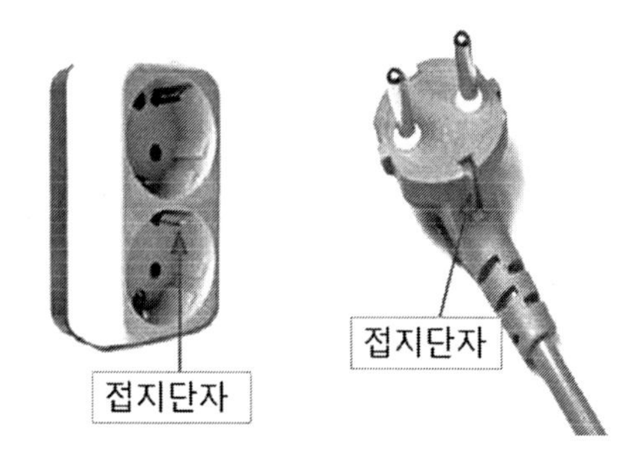

접지형 콘센트 & 접지형 플러그

☞ 산업안전기사 작업형 2018년 2회 1부 시험문제

습윤한 장소에서 모터보트의 모터 부위 점검 중 감전재해 예방대책 암기방법

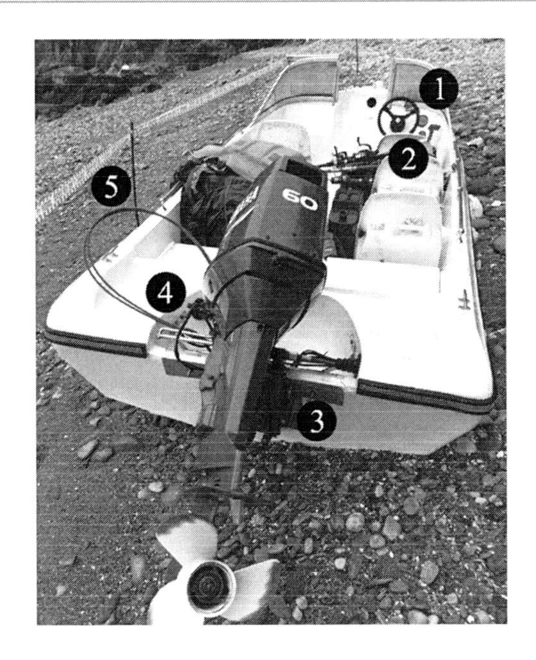

1. 전원을 차단하고 점검을 실시할 것.
2. 작업자는 절연장갑을 착용할 것.
3. 누전 차단기를 설치할 것.
4. '모터와 전선의 접속부'는 충분히 피복하거나,
   적합한 접속기구를 사용할 것.
   (접지형 콘센트 및 접지형 플러그)
5. 전선은 충분한 절연효과가 있는 것을 사용할 것.

★ 시계 방향으로 암기할 것.

★ 절연(絕緣) :
도체 사이에 부도체를 넣어서, 전류나 열이 통하지 못하게 하는 일.

★ 감전방지를 위해, 설치하여야 하는 장치 : 누전 차단기

산업안전산업기사 작업형 2015년 2회 2부 시험문제

산업안전기사 작업형 2014년 3회 2부 시험문제

승강기의 방호장치 암기방법

1. 권과 방지장치
2. 과부하 방지장치
3. 제동장치
4. 비상 정치장치
5. 파이널 리미트 스위치
6. 출입문 인터록
7. 속도 조절기(조속기)

★ 승강기(엘리베이터) 안에 있던
'권과 제비'가 '파출소'에 잡혀갔다.
(권과 제비 : 여자를 과하게 감싸며 춤추는 제비족)

★ 권과 방지장치 : 과하게 감기는 것을 방지하는 장치

☞ 산업안전기사 작업형 2018년 3회 1부 시험문제

시각(분) 공식 암기방법

$$\text{시각(분)} = \frac{57.3 \times 60 \times \text{크기}}{\text{거리}}$$

★ 역 ㄴ자 순서대로 거리가 분모, 크기가 분자가 된다.

★ 분(分) : 각도의 단위. 1분은 1도의 $\frac{1}{60}$

★ 57.3은 357 홀수에서 3을 뒤로 돌린 것으로 암기한다.

★ 60은 '1시간은 60분'이라고 생각하며 암기한다.
(실제로는 시간하고 상관없음)

• 문제 :
4m 거리에서 Landholf Ring을
1.2㎜까지 관찰할 수 있는 사람의 시력을 구하시오.
(단, 시각은 600' 이하일 때이며,
Radian 단위를 분으로 환산하기 위한 상수값은
57.3과 60을 모두 적용하여 계산하도록 한다.)

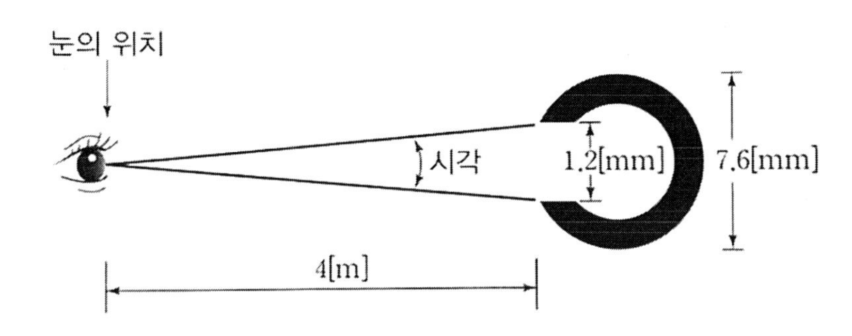

계산 :

$$시각(분) = \frac{57.3 \times 60 \times 1.2}{4000} = 1.0314(분)$$

4m = 4000㎜
(수치는 상관없음. 양쪽을 맞춰 주기만 하면 됨.)

$$시력 = \frac{1}{1.0314} = 0.97$$

산업안전기사 필답형 2013년 4월 21일 시험문제

시스템 안전 프로그램(SSPP)의 포함사항 암기방법

1. 시스템 안전조직
2. 시스템 안전문서 양식
3. 시스템 안전업무 활동

★
정치인, 연예인들에게
시스템 안전이 가장 필요한 산업이
'조문업'이다.

★ 3개를 모두 외웠으면, 추가로 나머지를 외운다.

4. 리스트 평가방법 및 수용기준
5. 시스템 개발과정에서의 안전업무 활동시기 및 방법

☞ 산업안전기사 필답형 2015년 4월 18일 시험문제

신규, 보수 교육을 받아야 하는 직무교육 대상자 암기방법

1. 안전보건 관리 책임자
2. 안전 관리자
3. 보건 관리자
4. 안전보건 관리 담당자

모두 '관리'가 들어감.

☞ 산업안전산업기사 필답형 2015년 4월 18일 시험문제

신뢰도(고장나지 않을 확률) 암기방법

$$R(t) = e^{-(\lambda \times t)} = e^{-(\text{고장률} \times \text{앞으로 고장 없이 사용할 시간})}$$
$$= e^{-(\text{고장률} \times \text{미래 시간})} = e^{-(\text{고} \times \text{미})} = e^{-\text{고미}}$$

- **예제 :**

  어떤 기계가 1시간 동안 가동하였을 때,
  고장 발생확률이 0.0004일 경우,
  1,000시간 가동하였을 때, 기계의 신뢰도를 구하시오.

  해설 :

  $$e^{-(\lambda \times t)} = e^{-(0.0004 \times 1000)} = e^{-0.4} = 0.67$$

★
λ(람다) : 고장률, 고장 발생확률

★
t : 앞으로 사용할 시간, 앞으로 고장 없이 사용할 시간,
미래 사용시간, 미래 시간

★
신뢰도 R(t) : 고장 없이 작동할 확률,
앞으로 (   )시간 이상 견딜 확률

★
불신뢰도(1- 신뢰도) : 고장날 확률, 고장을 일으킬 확률,
고장이 발생될 확률, 고장이 발생할 확률

≫ 산업안전산업기사 필답형 2021년 7월 11일 시험문제

신체 장애등급의 손실일수 암기방법

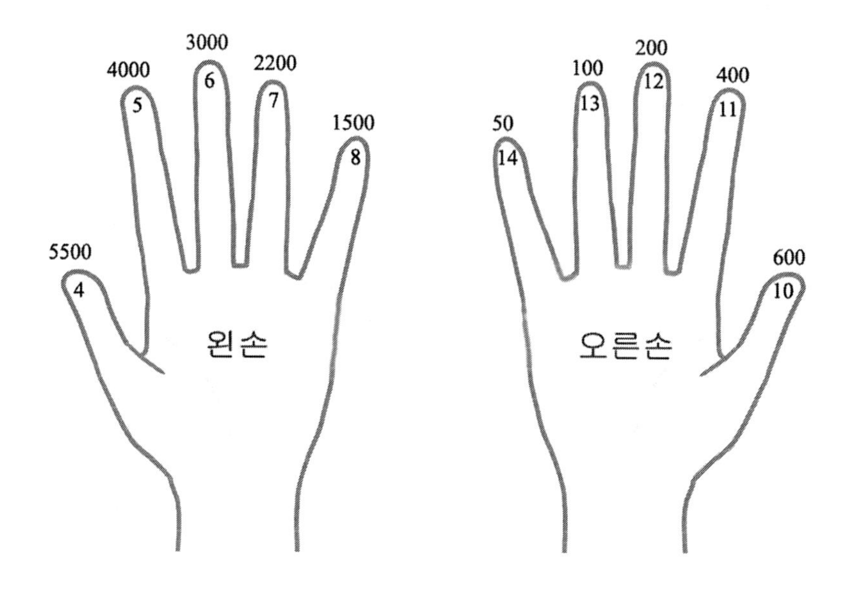

1. 손가락을 접으면서 암기한다.
2. 사망, 1~3급은 7,500일로 암기한다.
   (영구적으로 일을 못 함)
3. 6급은 반절(3,000일)로 암기한다.
4. 7급은 칠월칠석이라 견우직녀가 둘씩 둘씩 온다고 2,200일.
5. 8급은 8·15(광복절)로 암기한다.
6. 9급은 1,000일로 9,000(구천)으로 암기한다.
   (합격 못 한 수험생 영혼은 구천을 떠돈다.)
7. 10급은 공무원을 연상하면서 600일로 암기한다.
   (10급 공무원은 제일 하급으로, 육신 쑤시게 일한다.)
8. 12급은 끝 글자 2로 200일로 암기한다.
9. 13급은 100일마다 '13일의 금요일이 된다.'로 암기한다.
10. 14급은 맨 꼴찌로 50원 동전을 생각하면서 암기한다.

'아담스'의 연쇄성 이론 5단계 암기방법

제1단계 : 관리 구조
제2단계 : 작전적 에러
제3단계 : 전술적 에러
제4단계 : 사고
제5단계 : 상해

★ '아담스'는
영국 여왕의 관(1)을 탈취하는 작전(2, 3)을
펼쳐야 한다는 사상(4, 5)을 가지고 있다.

★ '관리 구조'는 '관리적 결함'으로 바꾸어 쓸 수 있다.
'상해'는 '재해'로 바꾸어 쓸 수 있다.

☞ 산업안전기사 필답형 2011년 5월 1일 시험문제
☞ 산업안전기사 필답형 2012년 7월 8일 시험문제
☞ 산업안전산업기사 필답형 2016년 4월 19일 시험문제
☞ 산업안전기사 필답형 2021년 4월 25일 시험문제

안전관리자 최소인원 암기방법

토사석 광업, 대부분 제조업
50~499명 : 1명
500명 이상 : 2명

'은하철도 999'보다 훨씬 못한 '지하철도 499'는
1명의 인원(차장)을 두고 있음.

'지하철도'는 토사석 광업, 제조업과 관련이 되어 있다.

우편 및 통신업, 운수 및 창고업

50~999명 : 1명

1,000명 이상 : 2명

★

‘은하철도 999’는 1명의 인원(차장)을 두고 있음.

‘은하철도’는 우편, 통신, 운수업과 관련이 되어 있다.

건설업

799억 원까지 : 1명

800억 원 이상 1,499억 원까지 : 2명

(양쪽 팔이 아파서, 안전관리자 2명이 있어야 함)

1500억 원 이상 2199억 원까지 : 3명
(500억 원씩 각 1명, 3명이 되어야 싸우지 않음.
2명이면 엄청 싸움.)

• **예제 :**
다음 보기에서 제시하는 사업장에서,
선임하여야 하는 안전관리자의 최소인원을 적으시오.

[보기]

1. 상시 근로자수 600명인 펄프 제조업 :
2. 상시 근로자수 300명인 고무제품 제조업 :
3. 상시 근로자수 500명인 우편 및 통신업 :
4. 총 공사금액 700억 원인 건설업 :

정답 :

1. 2명(499명까지 1명)
2. 1명(499명까지 1명)
3. 1명(999명까지 1명)
4. 1명(799억까지 1명)

산업안전기사 필답형 2012년 10월 14일 시험문제

안전그네(안전대) 착용방법

① 양다리에 안전그네식 안전대를 끼우고 들어올린다.

② 양어깨에 안전그네식 안전대를 끼운다.

③ 가슴 조임줄을 채운다.

④ 한쪽 훅을 구명줄에 건다.

⑤ 반대편 훅을 안전그네의 D링(카라비너)에 건다.

⑥ 착용 상태의 이상 유무를 확인한다.

☞ 산업안전기사 필기 2021년 3회 시험문제

안전난간의 구조 및 설치기준

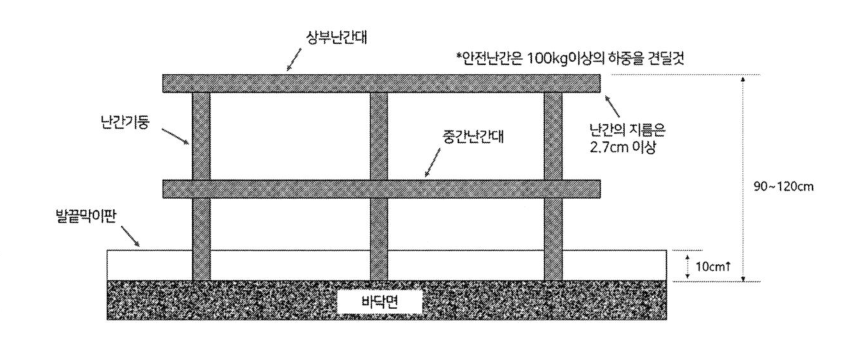

〈안전난간 높이에 따른 설치기준〉

1. 상부 난간대 :

   바닥면, 발판 또는 경사로의 표면으로부터 90㎝ 이상 지점에 설치

2. 난간대 :

   지름(직경) 2.7㎝ 이상의 금속제 파이프

3. 하중 :

   100㎏ 이상의 하중에 견딜 수 있는 튼튼한 구조

☞ 산업안전산업기사 필답형 2018년 10월 6일 시험문제

안전대 벨트의 구조 및 치수 암기방법

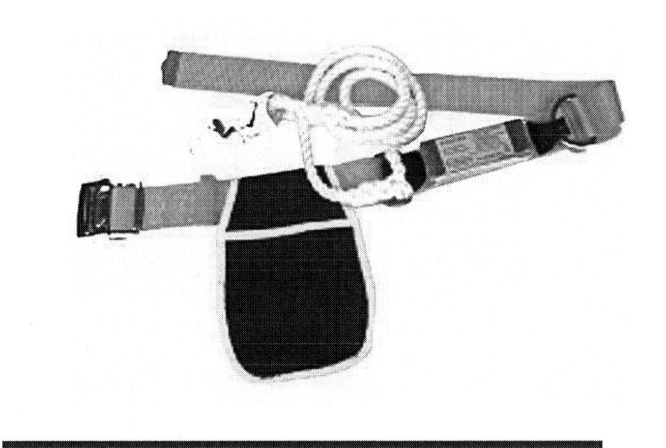

50mm 이상

1100mm 이상

2mm 이상

1. 안전대 벨트의 구조

강인한 실로 짠 직물로
'비틀어짐, 흠, 기타 결함'이 없을 것.

2. 안전대 벨트의 치수

벨트의 너비 : 50㎜ 이상
(U자걸이로 사용할 수 있는 안전대는 40㎜ 이상)
벨트의 길이 : 버클 포함 1,100㎜ 이상
벨트의 두께 : 2㎜ 이상

★ 2 - 50 - 1,100으로 암기할 것.
('2 × 50의 11배'로 암기할 것)

산업안전산업기사 작업형 2015년 2회 2부 시험문제

안전모의 거리 및 간격 상세도

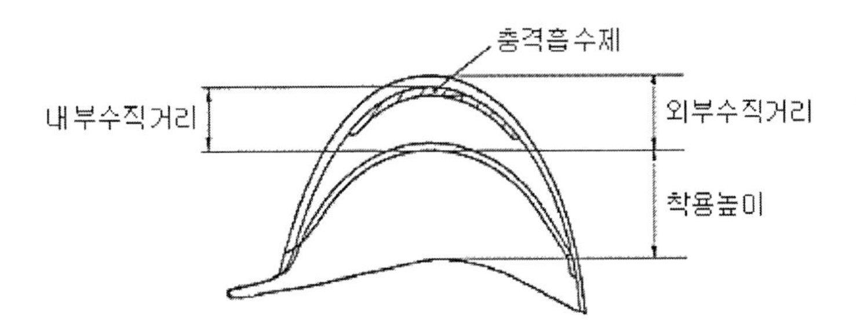

★ 시계 방향으로 암기할 것.
(내 충 외 착)

★ '내부 수직거리'와 '외부 수직거리'는
상단부에서 차이가 나고, 하단부는 동일하다.

 산업안전기사 작업형 2019년 1회 시험문제

ㅇ

안전모의 세부명칭 암기방법

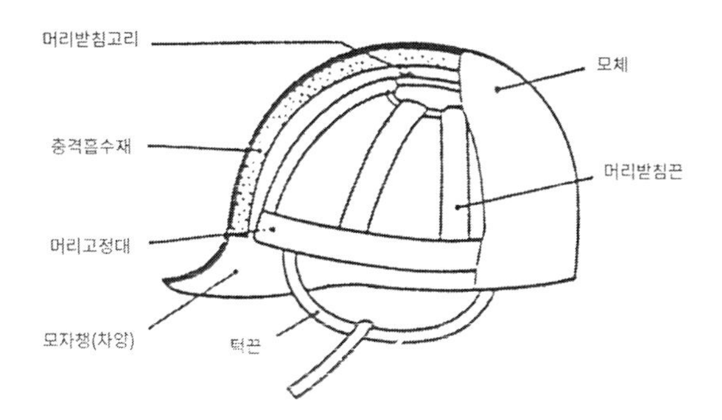

1. 머리 받침끈과 턱끈은 상하로 되어 있음.
(끈 종류는 아래쪽으로 늘어져 있다.)

2. 머리 고정대는 좌우로 되어 있음.
(대 종류는 가로로 늘어져 있다.)

3. 머리 받침고리는 맨 위에 고정되어 있음.
(고리는 보통 끈으로 연결되어 있다.)

☞ 산업안전기사 작업형 2017년 1회 3부 시험문제

☞ 산업안전기사 작업형 2018년 2회 1부 시험문제

안전모의 시험성능 기준 암기방법

1. 내관통성 시험
AE형 및 ABE형의 관통거리는 9.5㎜ 이하이고,
AB형의 관통거리는 11.1㎜ 이하여야 한다.

★
전기(E)가 들어가면, 구워(9.5) 먹는다.
혈액형 AB형인 사람들은 성격이 매우 까다로와서
빼빼(11.1) 말랐다.

2. 충격 흡수성 시험
최고전달 충격력이 4,450N(뉴턴)을 초과해서는 안 되며,
모체와 착장체의 기능이 상실되지 않아야 한다.

★
최고전달 충격력을 받으면, 인간은 두 번 죽는다.
(死 죽을 사, 死 죽을 사 → 44)

3. 내전압성 시험
AE, ABE종 안전모는 교류 20㎸에서 1분간 절연파괴 없이 견뎌야 하고,
이때 누설되는 충전전류는 10㎃ 이하여야 한다.

★

교회에서 사람들과 20분 정도 교류하면
왕복시간으로 반(10 이하)은 버리게 된다(누설된다).

☞ 산업안전산업기사 필답형 2021년 7월 11일 시험문제

안전모의 성능시험 항목(종류) 암기방법

1. 내관통성 시험
2. 충격흡수성 시험
3. 턱끈풀림 시험
4. 내전압성 시험
5. 내수성 시험
6. 난연성 시험

★

중량물이 안전모를 관통(1)하더라도
충격 흡수(2)로 사람 머리를 보호하고,
충격 때문에 턱끈(3)이 풀리지 않아야 한다.
또한
전기(3)와 물(4)과 불(5)에도 강해야 한다.

★

1, 2, 3번은 충격과 관련이 되어 있고,
4, 5, 6번은 물질과 관련이 되어 있다.

★

난연성 : 불에 잘 타지 않는 성질.
('불연성'이 아님에 유의할 것)

☞ 산업안전기사 필답형 2007년 1회차 시험문제

☞ 산업안전기사 필답형 2019년 6월 29일 시험문제

'안전보건 개선계획서'를 작성·제출하여야 하는 대상 사업장의 종류

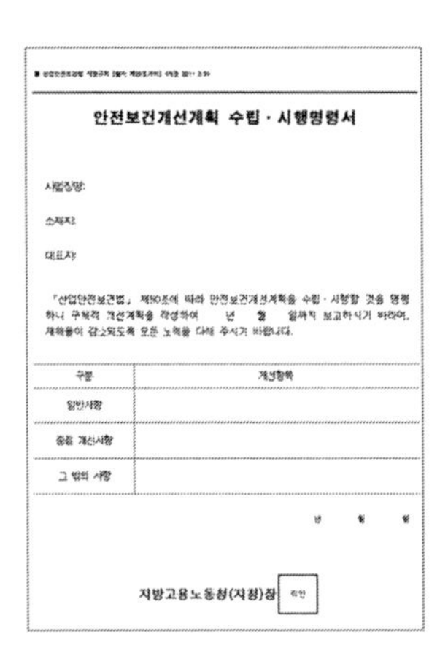

안전보건개선계획 수립 · 시행명령서

사업장명:

소재지:

대표자:

「산업안전보건법」 제50조에 따라 안전보건개선계획을 수립 · 시행할 것을 명령하니 구체적 개선계획을 작성하여 년 월 일까지 보고하시기 바라며, 재해율이 감소되도록 모든 노력을 다해 주시기 바랍니다.

구분	개선항목
일반사항	
중점 개선사항	
그 밖의 사항	

년 월 일

지방고용노동청(지청)장 직인

1. 산업 재해율이 같은 업종의 규모별 평균 산업재해율보다 높은 사업장
2. 사업주가 안전보건 조치의무를 이행하지 아니하여
   중대재해가 발생한 사업장
3. 직업성 질병자가 연간 2명 이상 발생한 사업장
4. 유해인자의 노출기준을 초과한 사업장

★
산업 재해율이 평균보다 높다 보니(1),
중대재해가 발생했고(2),
그로 인해 직업성 질병자가 2명 발생했고(3),
검사해 보니 유해인자가 노출되었다(4).

★
'산 중 직 유'로 암기할 것.
'산업 중대 직업 유해'로 암기할 것.

★
'안전보건 개선계획의 수립, 시행을 명할 수 있는 사업장'
'안전보건 개선계획 작성 대상 사업장'으로
동일한 답의 기출문제가 나온 바 있다.

☞ 산업안전산업기사 필답형 2016년 7월 12일 시험문제

☞ 산업안전산업기사 필답형 2018년 6월 30일 시험문제

☞ 산업안전산업기사 필답형 2020년 5월 24일 시험문제

☞ 산업안전산업기사 필답형 2020년 10월 17일 시험문제

'안전보건 진단'을 받아, '안전보건 개선계획'을 수립·제출하도록 명할 수 있는 대상 사업장의 종류

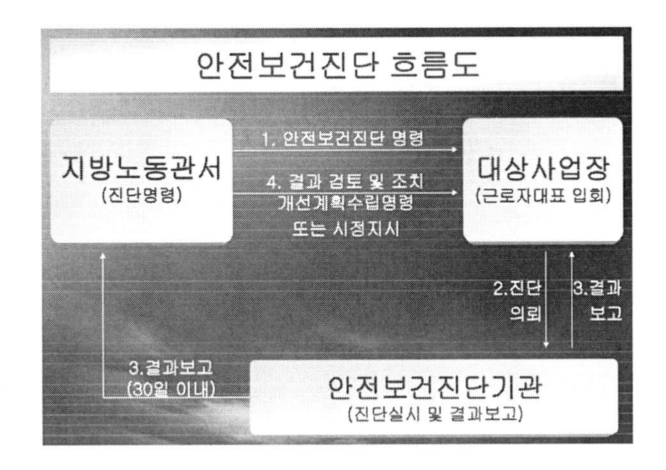

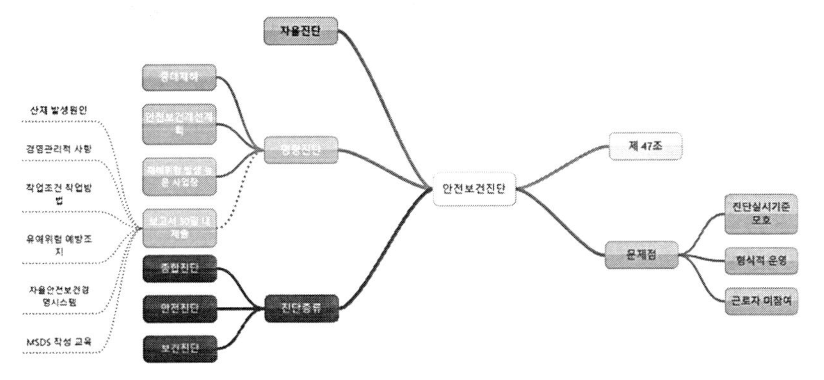

1.

산업 재해율이

같은 업종 평균 산업재해율의 2배 이상인 사업장

2.

사업주가 필요한 안전조치 또는 보건조치를 이행하지 아니하여,

중대재해가 발생한 사업장

3.
직업성 질병자가 연간 2명 이상 발생한 사업장
(상시 근로자 1,000명 이상 사업장의 경우, 3명 이상)
4.
그 밖에 작업환경 불량, 화재·폭발 또는 누출사고 등으로,
사업장 주변까지 피해가 확산된 사업장으로서
고용노동부령으로 정하는 사업장

★
1, 2, 3번까지만 집중적으로 외우고,
암기가 가능한 사람은 추가로 암기할 것.

★
'안전보건 진단'에 매우 유의할 것.

★
1번은
'평균 산업재해율보다 높은 사업장'이 아니고,
'평균 산업재해율보다 2배 이상인 사업장'이라는 것에
매우 유의해야 한다.
('2배 이상인 사업장'은 '높은 사업장'보다 훨씬 높다는 뜻임)

★
3번은
'1,000명 이상 사업장'이 추가되었음에 유의할 것.

☞ 산업안전산업기사 필답형 2016년 10월 5일 시험문제

☞ 산업안전산업기사 필답형 2017년 4월 27일 시험문제

안전보건 개선계획에 포함하여야 하는 사항

1. 시설
2. 안전보건 관리체제
3. 안전보건 교육
4. '산업재해 예방' 및 '작업환경의 개선'을 위하여 필요한 사항

★ 안전보건 개선계획을 교육하려면
사업장 외에 교육장을 '포함'하는 내용이 있어야 한다.

먼저 '시설(1)'을 만들고 '관리체제(2)'를 정비한 다음
'안전보건 교육(3)'을 실시하는데,
그 교육내용은
'산업재해 예방 및 작업환경의 개선을 위하여 필요한 사항(4)'이다.

☞ 산업안전산업기사 필답형 2017년 10월 19일 시험문제

안전보건 개선계획서 제출에 관한 내용

1. 안전보건 개선계획서를 제출해야 하는 사업주는
안전보건 개선계획서 수립·시행 명령을 받은 날부터
(60)일 이내에 관할 지방고용 노동관서의 장에게
해당 계획서를 제출해야 한다.
(전자문서로 제출하는 것을 포함한다)

2. 지방고용 노동관서의 장이
안전보건 개선계획서를 접수한 경우에는
접수일부터 (15)일 이내에 심사하여
사업주에게 그 결과를 알려야 한다.

3. 사업주와 근로자는
심사를 받은 안전보건 개선계획서를 준수하여야 한다.

★ 제출 : 60일
심사 : 15일(제출 기간의 1/4)

제출 60일	심사 15일

★ 안전보건 개선계획서를 제출한 다음에
고깃집에서 제육(1)을 심사하듯 씹어(십오, 2)본다.

☞ 산업안전산업기사 필답형 2020년 7월 25일 시험문제

안전보건 관리책임자/안전보건 관리담당자의 신규교육/보수교육 암기방법

교육대상	교육시간	
	신규교육	보수교육
가. 안전보건관리책임자	6시간 이상	6시간 이상
나. 안전관리자, 안전관리전문기관의 종사자	34시간 이상	24시간 이상
다. 보건관리자, 보건관리전문기관의 종사자	34시간 이상	24시간 이상
라. 건설재해예방전문지도기관의 종사자	34시간 이상	24시간 이상
마. 석면조사기관의 종사자	34시간 이상	24시간 이상
바. 안전보건관리담당자	-	8시간 이상
사. 안전검사기관, 자율안전검사기관의 종사자	34시간 이상	24시간 이상

교육대상	교육시간	
	신규교육	보수교육
가. 안전보건관리책임자	6시간 이상	6시간 이상
나. 안전관리자, 안전관리전문기관의 종사자	34시간 이상	24시간 이상
다. 보건관리자, 보건관리전문기관의 종사자	34시간 이상	24시간 이상
라. 건설재해예방전문지도기관의 종사자	34시간 이상	24시간 이상
마. 석면조사기관의 종사자	34시간 이상	24시간 이상
바. 안전보건관리담당자	-	8시간 이상
사. 안전검사기관, 자율안전검사기관의 종사자	34시간 이상	24시간 이상

★ 신규 직원들은 기존 직원들에 비해, 10시간 정도 교육을 더 받아야 한다.

★ '안전보건 관리책임자'는 책임이 너무도 막중하여, 육신(66)이 모두 쑤신다.

★ '안전보건 관리담당자'는 담당자(전담자)가 되려면, 영빨(08)이 강해야 한다.

☞ 산업안전기사 필답형 2011년 5월 1일 시험문제

☞ 산업안전기사 필답형 2012년 4월 22일 시험문제

안전보건 관리체계의 각각 담당자 암기방법

1. 안전보건 관리 책임자 - 부장, 안전부서장, 공장장

2. 안전 관리자 - 차장, 대행 차장(50명 이상 사업장)
   안전 관리자(전담) - 300명 이상

3. 안전보건 관리 담당자 - 소규모 회사 차장
   (20명 이상 50명 미만 사업장)

4. 관리감독자 - 반장(생산과 관련된 업무)

5. 산업 보건의 - 의사(50명 이상 사업장)

6. 보건 관리자 - 간호사, 대행 간호사

7. 안전보건 총괄 책임자 - 총괄 부장
   (원청 근로자와 하청 근로자가 뒤섞여 일할 때)
   (100명 이상 사업장)

8. 안전보건 조정자 - 겸임 부장
   (2개 이상 건설공사 - 같은 장소)

★ 산업안전보건 위원회 - 3개월마다 소집
노사 협의체 - 2개월마다 소집
(ㄴ은 자음 두번째이므로 2개월)

☞ 산업안전기사 필기 2022년 2회 시험문제

'안전보건 총괄 책임자'의 직무사항 암기방법

1. 도급 시의 산업재해 예방조치
2. 위험성 평가의 실시에 관한 사항

★ 발주자 → 도급인(원청) → 수급인(하청) → 관계 수급인(재하청)
(안전 보건 총괄 책임자는 도급인의 위치에 있다.)

★ 1번과 2번은 안전보건 총괄 책임자가 하청회사에 도급을 줄 때
(자기 회사에서 직접 공사를 할 때보다)
'재해'와 '위험성'에 더욱 신경을 써야 한다는 것을 말한다.

★ '위험성 평가에 관한 사항'이 아니고,
'위험성 평가의 실시에 관한 사항'임에 유의할 것.

★ 도급(都給) : 업무를 타인에게 맡김.

★ 1, 2번을 암기한 후,
'안전보건 총괄 책임자'의 나머지 직무사항들은
여유가 있으면 암기하도록 한다.

3. 산업재해가 발생할 급박한 위험이 있을 때 및
   중대재해가 발생했을 때의 작업의 중지
4. 산업안전보건 관리비의 관계 수급인 간의 사용에 관한
   협의·조정 및 그 집행의 감독
5. 안전인증 대상 기계 등과
   자율안전 확인대상 기계 등의 사용 여부 확인

산업안전기사 필답형 2012년 7월 8일 시험문제
산업안전기사 필답형 2019년 4월 13일 시험문제

'안전보건 총괄 책임자' 지정 대상사업 암기방법

1. 관계 수급인에게 고용된 근로자를 포함한
   상시 근로자가 (100명) 이상인 사업

2. 관계 수급인의 공사금액을 포함한,
   해당 공사의 총 공사금액이 (20억 원) 이상인 건설업

★ 안전보건 총괄 책임자는 원청과 하청 근로자를 함께 관리하므로
원청 50명, 하청 50명으로 해서 100명으로 작업한다.

★ 안전보건 총괄 책임자는 원청 사업과 하청 사업을 함께 관리하므로
원청 10억, 하청 10억으로 해서 20억으로 작업한다.

★ '총괄 - 100 - 20'으로 암기할 것
100명은 사업, 20억 원은 건설업임에 유의할 것.

★ 관계 수급인 : 하청업자(하청업체), 재하청업자(재하청업체), 하도급 회사

★ 상시 근로자(常時 勤勞者) :
매월 임금 지급의 기초가 되는 근로일이 16일 이상인 근로자.

☞ 산업안전산업기사 필답형 2016년 4월 19일 시험문제

☞ 산업안전산업기사 필답형 2020년 11월 29일 시험문제

안전보건 표지 중, 금지표지의 종류 암기방법

1. 출입금지
2. 보행금지
3. 차량통행금지
4. 탑승금지
5. 금연
6. 화기금지

★ 1, 2번은 '사람(걷기)'과 관련되어 있음.
3, 4번은 '차량'과 관련되어 있음.
5, 6번은 '화재'와 관련되어 있음.
('4차화'로 암기할 것)

★ 4차원 세계(4차화)에서는 금지되는 것이 많다.

☞ 산업안전산업기사 필답형 2018년 6월 30일 시험문제

안전 블록(안전 지주)과 안전 블록(추락 방지)의 차이점

그림 만화로 보는 산업안전보건 기준에 관한 규칙

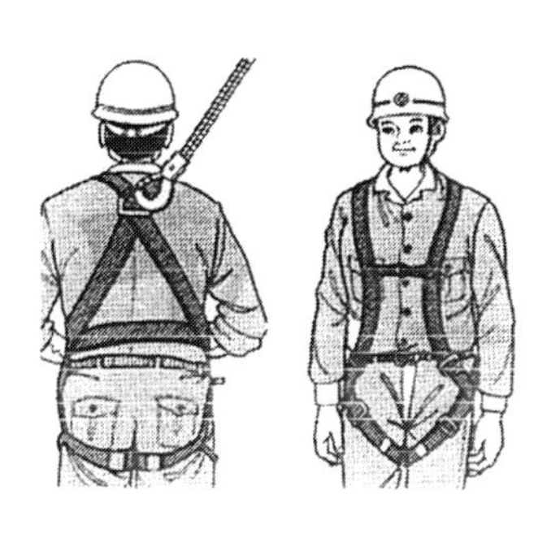

〈안전그네식 안전대〉

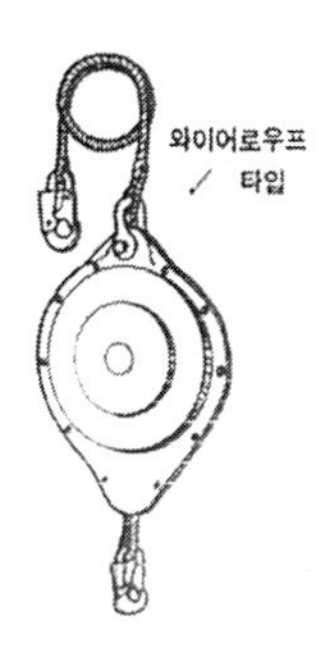

〈안전블록〉

안전 블록, 안전 지주, 안전 지지대

1. 안전 블록 : 사각형 형태

2. 안전 지주 : 원형기둥 형태

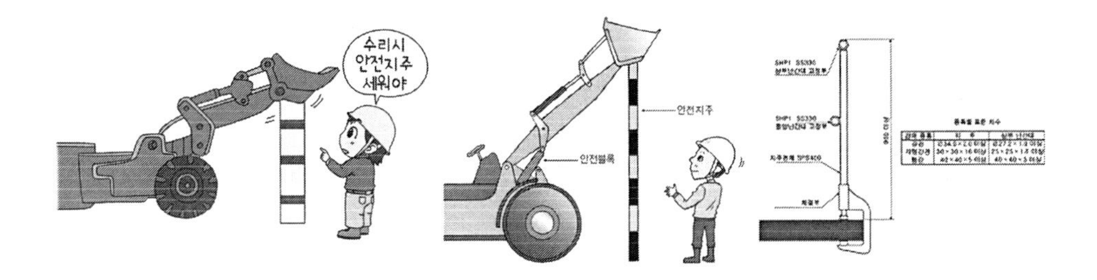

3. 안전 지지대

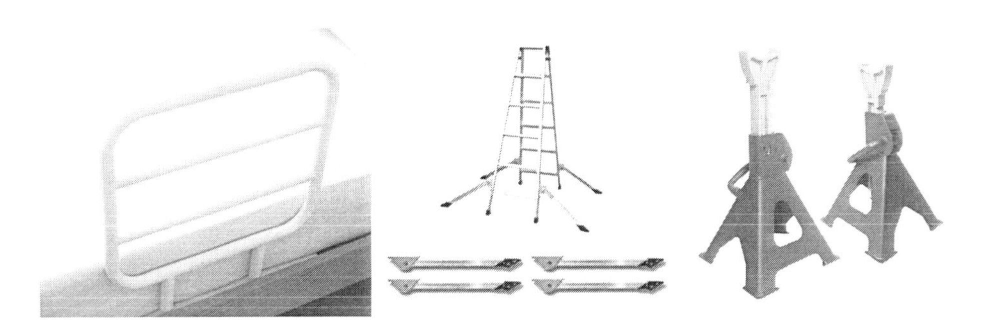

안전 블록의 구조 암기방법

1.
자동 잠김장치를 갖출 것.

2.
부품은 부식방지 처리를 할 것.

★
암기방법 :
안전 블록은 자부(子父, 아들과 아버지)가 같이 사용한다.

★
자동 잠김장치 :
추락 발생 시 추락을 억제한다.
죔줄이 자동적으로 수축된다(감긴다).

★
'자동 잠김장치, 자동 감김장치, 자동 잠금장치, 자동풀림 방지장치'
모두 맞는 말이지만,
'자동 잠김장치'를 표준으로 한다.

산업안전산업기사 작업형 2018년 3회 1부 시험문제
산업안전기사 작업형 2017년 3회 3부 시험문제

안전 블록이 부착된 안전대의 구조 암기방법

1.
(안전 블록을 부착하여 사용하는 안전대는)
신체 지지의 방법으로 '안전그네'만을 사용할 것.
2.
안전 블록은 정격 사용길이가 명시될 것.
3.
안전 블록의 줄은 합성섬유 로프, 웨빙로프, 와이어로프이어야 하며,
와이어로프인 경우에는 최소지름이 4㎜ 이상일 것.

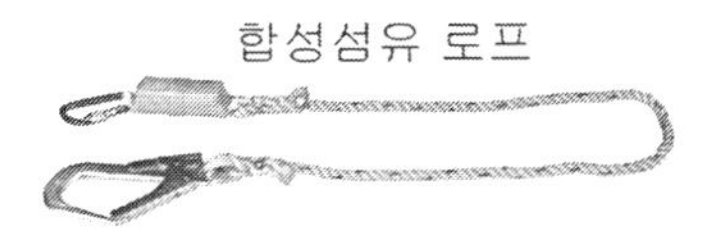

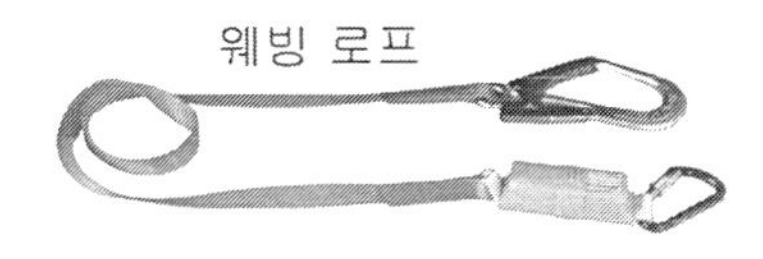

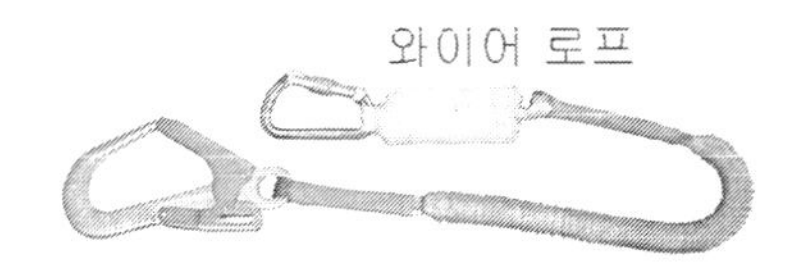

★ '안 정 줄'로 암기할 것.

★ 와이어로프 최소지름 :
떨어지면 사망하므로, '4㎜ 이상'으로 암기할 것.

★ 지지(支持) : 무거운 물건을 받치거나 버팀.

☞ 산업안전기사 작업형 2014년 2회 2부 시험문제

안전성 평가 6단계 암기방법

1단계 : 관계 자료의 정비 검토
2단계 : 정성적인 평가
3단계 : 정량적인 평가
4단계 : 안전대책 수립
5단계 : 재해사례에 의한 평가
6단계 : FTA에 의한 재평가

★ '관 성 량 안 재 F'로 암기할 것.

★ '안전성'은 '관성'에 따라 평가된다.
(관성 : 변하지 않고, 지속하려는 성질)

★ '안정성 평가' 아님
정비 검토 = 작성 준비

★ 정성적인 평가 : 사고가 추락인가, 낙하인가, 감전인가?

☞ 산업안전산업기사 필답형 2017년 7월 13일 시험문제
☞ 산업안전산업기사 필답형 2020년 7월 25일 시험문제
☞ 산업안전기사 필답형 2013년 10월 6일 시험문제
☞ 산업안전기사 필답형 2017년 10월 19일 시험문제

안전인증 대상 기계, 기구 암기방법

1. 크레인
2. 리프트
3. 곤돌라

4. 프레스
5. 사출 성형기
6. 롤러기

★
1, 2, 3번은
양중기(화물, 사람을 들어올리는 기계)에 속한다.
(승강기는 위험하지 않으므로 미포함)

★
4, 5, 6번은
압력으로 재료를 눌러서 제품을 만드는 공작기계에 속한다.

★ 롤러기 = 압연기(壓延機)

★
'안전인증 대상'이라는 것은
그만큼 사람에게 위험한 기계, 기구라는 것이다.

산업안전기사 필답형 2016년 10월 5일 시험문제

안전인증 대상 보호구의 종류 암기방법

1. 안전모(ABE : 추락 및 감전방지용)
2. 안전대
3. 안전장갑
4. 안전화
5. 방진 마스크
6. 방독 마스크
6. 송기 마스크

★

'안전'과 '마스크' 용어가 들어있는 보호구를 중심으로 외울 것.

★

1, 2, 3, 4번은
머리에서부터 발끝까지 순서대로 암기한다.

★

'보호구'는 사람을 보호하고,
'방호구'는 시설을 방어한다.

★

안전모는 반드시
'추락 및 감전방지용'이라는 용어가 들어가야 한다.
(ABE : 낙하비래, 추락, 감전방지용)

☞ 산업안전기사 필답형 2018년 10월 6일 시험문제

안전인증 보호구의 (안전인증 표시 외) 표시사항 암기방법

1. 제조자명
2. 모델명 또는 형식
3. 규격 또는 등급

4. 제조번호 및 제조연월
5. 안전인증 번호

★ 제조자(1)가 모형(2)의 규격 또는 등급(3)을 제안(4, 5)했다.

★ '안전인증 대상 제품에 표시해야 할 사항'과 문제가 동일하다.

★ '자율안전 확인대상 표시사항'은 5번만 빼고 모두 같다.

5. 자율안전 확인번호

☞ 산업안전산업기사 필답형 2019년 6월 29일 시험문제
☞ 산업안전기사 필답형 2019년 10월 12일 시험문제

안전인증 심사의 종류 암기방법

1. 예비 심사
2. 서면 심사
3. 기술능력 및 생산체계 심사
4. 제품 심사

★ 안전인증을 받으려면 '제기'차기와 '서예'를 잘해야 한다.
앞 글자를 따서, 뒤에서부터 거꾸로 암기한다.
(제 기 서 예)

★ 3번은 '기능 생체'로 암기할 것.

★ 제품 심사의 종류 : 개별 제품심사, 형식별 제품심사
'제품' 공장에는 '개'같은 '형'님이 있다.
(개 형)

☞ 산업안전기사 필답형 2019년 6월 29일 시험문제

안전인증 심사의 종류별 심사기간

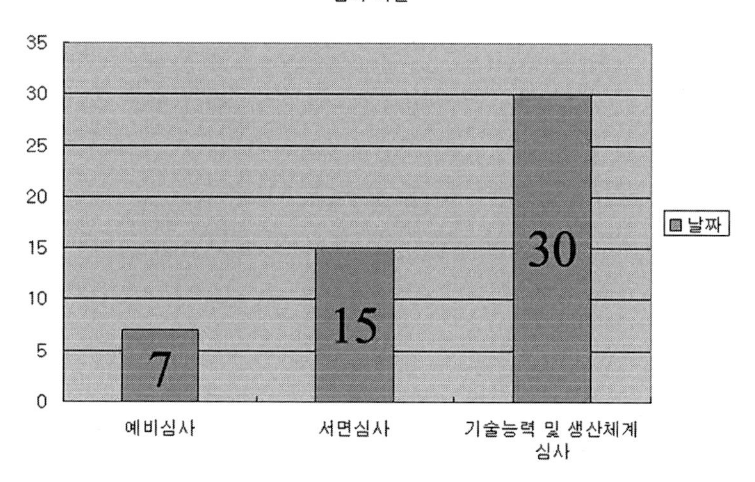

1. **예비 심사** : 7일
2. **서면 심사** : 15일(외국에서 제조한 경우는 30일)
3. **기술능력 및 생산체계 심사** : 30일(외국에서 제조한 경우는 45일)

★

외국에서 제조한 경우는 각각 15일을 추가시켜 준다.

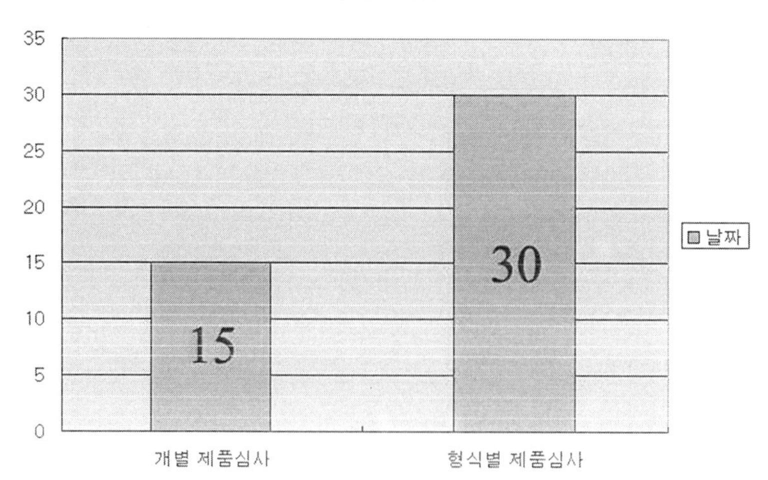

1. 개별 제품심사 : 15일
2. 형식별 제품심사 : 30일(방호장치와 보호구는 60일)

방호장치와 보호구는 사람 목숨과 관련이 있으므로
30일을 더 추가시켜 준다.
(사람 → 삼십)

☞ 산업안전산업기사 필답형 2018년 10월 6일 시험문제

안전작업 허가지침에 포함되어야 하는 위험작업의 종류 암기방법

1. 방사선 사용작업
2. 화기 작업
3. 밀폐공간 출입작업
4. 정전 작업
5. 굴착 작업
6. 일반 위험작업

위험작업 중에 방화(1, 2)한 밀정(3, 4)이
굴(5)파는 일반인(6)이었다.

☞ 산업안전기사 필답형 2012년 7월 8일 시험문제

안전화의 종류 암기방법 - 성능 구분에 따름

가죽제 안전화
기본적인 안전화

고무제 안전화
내수성과
내화학성을 갖춤

정전기 안전화
정전기의
인체 대전 방지

절연화
저압 감전 방지

절연장화

화학물질용 안전화
화학물질
유해위험 방지

발등안전화
발등 보호

처음에는 재질로 암기하고,
(가죽제 안전화, 고무제 안전화)
그다음 용도(전기)로 암기하고,
(정전기 안전화, 절연화, 절연장화)
세 번째로 용도(화학)으로 암기하고,
(화학물질용 안전화)
마지막으로 인체로 암기한다.
(발등 안전화)

산업안전기사 필답형 2012년 7월 8일 시험문제
산업안전기사 작업형 2017년 3회 2부 시험문제

양중기 달기구의 안전계수 암기방법

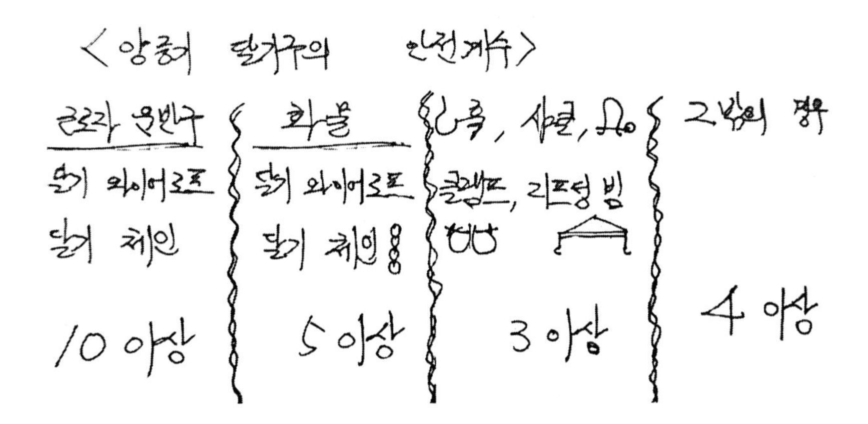

사람하고 관계되면 안전계수 10 이상
화물하고 관계되면 안전계수 5 이상
잡다한 고정장치는 안전계수 3 이상

★
양중기 : 크레인, 이동식 크레인, 리프트, 곤돌라, 승강기

☞ 산업안전산업기사 필답형 2021년 4월 25일 시험문제

에너지 대사율(RMR) 공식 암기방법

$$\text{에너지 대사율} = \frac{\text{작업시의 소비에너지} - \text{안정시의 소비에너지}}{\text{기초 대사량}}$$

★
분자 → 분모 순으로
'에너지에 대해 잘(작) 알(안)겠(기)니?'로 암기한다.

★
에너지 대사율은 단위가 없다.

★
에너지 대사율(energy 代謝率) :
생물체가 각종 자세나 동작으로 소비한 열량을 기초 대사량으로 나눈 수.
개인의 체격이 크고 작음에 관계없이
자세와 동작의 육체적 부담의 정도를 나타내며,
소비 열량의 산출에 이용한다.

★
RMR : Relative Metabolic Rate

★
작업 시의 소비 에너지 :
작업 중에 소비한 산소의 소모량
안정 시의 소비 에너지 :
의자에 앉아서 호흡하는 동안에 소비한 산소의 소모량

산업안전기사 필답형 2019년 4월 13일 시험문제

에어배관 점검작업 시, 재해예방을 위한 위험 예지훈련 행동목표

1.

배관 점검 전, 보안경을 착용한다.

2.

배관 점검 전, 주밸브를 잠근다.

3.

배관 점검 전, 배관 내 잔압을 제거하고 남은 압력이 빠진 것을 확인한다.

잔압(殘壓) : 남아서 유지되는 압력

★

'작업시작 전 점검사항'을 말함.

☞ 산업안전산업기사 작업형 2013년 1회 1부 시험문제

☞ 산업안전산업기사 작업형 2015년 3회 1부 시험문제

※ 고온 배관의 플랜지 볼트 조임 작업 시, 작업 위험요인
(이동식 사다리 사용)

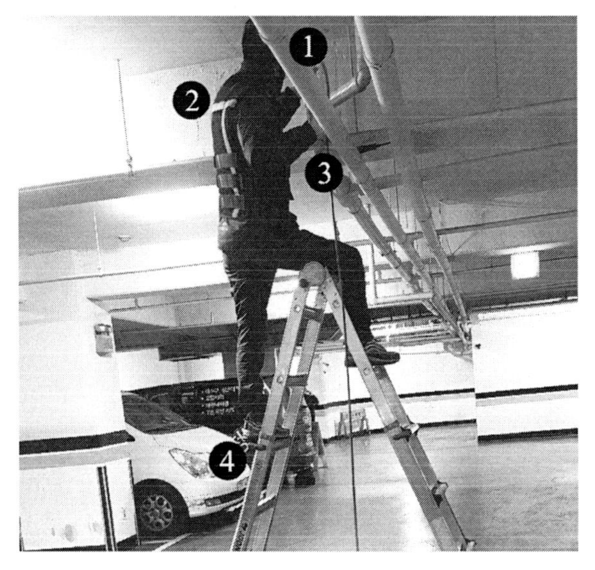

〈안전모는 착용하고 있는 상태임〉

1. 보안경을 착용하지 않아, 눈을 다칠 위험이 있다.
2. 안전대를 착용하지 않아, 떨어질 위험이 있다.
3. 방열장갑을 착용하지 않아, 손에 화상을 입을 위험이 있다.
4. 안전한 작업발판을 확보하지 않아, 떨어질 위험이 있다.

★ '작업시작 전'이 아니라 '작업 중'임에 유의할 것.

★ '위 → 아래' 순으로 암기한다.

★ '안전대' 대신 '방열복'이 들어갈 수 있다.

산업안전산업기사 작업형 2022년 2회 1부 시험문제
산업안전기사 작업형 2020년 1회 2부 시험문제

연삭기 작동시험에 관한 사항

1. 연삭 (①)과 덮개의 접촉 여부
2. 탁상용 연삭기는 덮개, (②) 및 (③) 부착상태의 적합성 여부

① 숫돌
② 워크레스트
③ 조정편

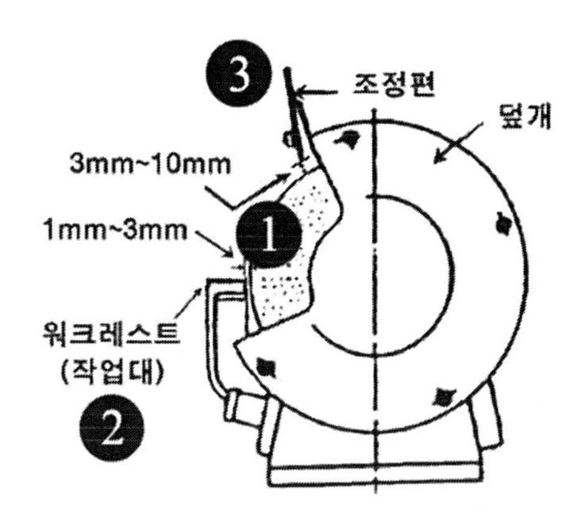

[숫돌조정편, 작업대의 틈새]

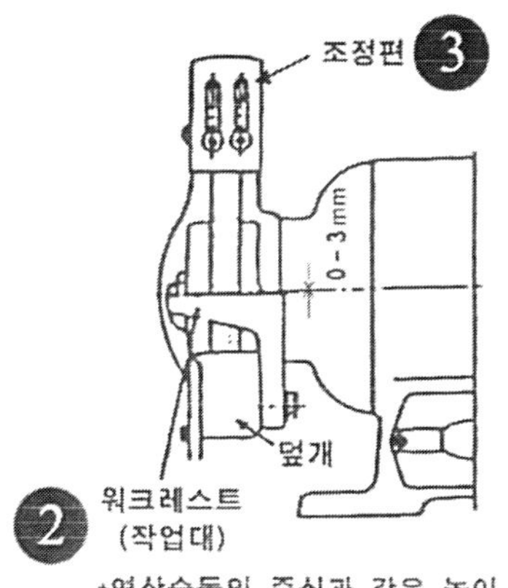

[워크레스트(작업대)의 높이]

연삭숫돌의 파괴 원인 암기방법

1. 숫돌의 측면을 사용하여 작업할 때
2. 플랜지가 현저히 작을 때
   (플랜지는 숫돌 지름의 1/3 이상일 것)
3. 숫돌의 회전속도가 너무 빠를 때
   (최고 회전속도를 초과하여 사용하는 경우)
4. 숫돌에 과대한 충격을 가할 때
   (무거운 물체와 충돌했을 때)
5. 숫돌에 균열이 있을 때

★

연삭숫돌의 측면(1)에 플랜지(2)를 끼고
회전(3)을 시키는 도중에 충격(4)을 주었더니
균열(5)이 생겼다.

★

플랜지 :
기계 부분을 결합할 때 쓰는 부품.
숫돌을 잡아주는 부분

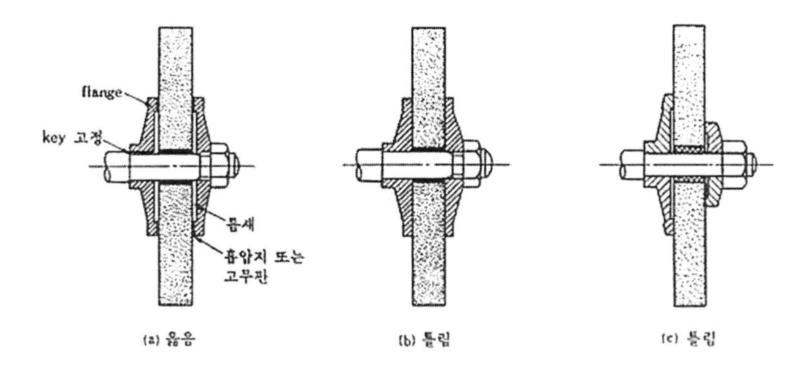

산업안전기사 필답형 2021년 4월 25일 시험문제

연소의 3요소와 각 요소별 소화방법 암기방법

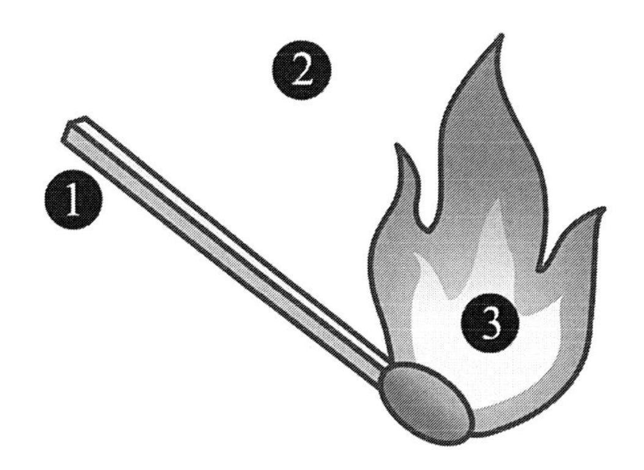

1. 가연물 : 제거 소화
2. 산소 : 질식 소화
3. 점화원 또는 열 : 냉각 소화

★

연소자에게는 '가산점'을 팍팍 주는 편이다.
(연소자 : 나이 어린 사람)

★

가연물(可燃物) : 불에 잘 탈 수 있는 물질이나 물건.
점화원(點火原) : 불을 붙이거나 켜는 원인. 또는 그러한 물질.

★

'가제 산질 점냉'으로도 외운다.

☞ 산업안전기사 필답형 2015년 7월 11일 시험문제

연직과 수직의 차이

연직(鉛直)은
실 끝에 추를 늘어뜨렸을 때의 실 방향,
중력의 방향이라고도 할 수 있다.

수직(垂直)은
어떤 방향에 대해 직각을 이루는 방향,
수평면에 대해 수직을 이룰 때 연직 방향과 동일하게 된다.

위와 같이 연직과 수직의 의미는 확연히 다르다.

예를 들어
비스듬한 면(선)에 대해, 연직 방향과 수직 방향은 다르다.
단, 수평면에 대한 연직 방향은 수직 방향과 동일하다.

연직은 실 끝에 추를 늘어뜨렸을 때의 방향이다.
수직은 어떤 방향에 대해서 직각 방향이다.

차이점을 잘 이해하기 바란다.

산업안전산업기사 필답형 2014년 4월 20일 시험문제

연천인율 구하는 방법 1 - 소수점 둘째 자리까지 구할 것

- 문제 :

  A 사업장의 평균 근로자수는 540명이다.
  지난해 12건의 재해, 15명의 재해자가 발생하여
  근로 손실일수 총 6,500일이 발생하였다.
  연천인율을 계산하시오.
  (단 근무시간은 1일 9시간,
  근무일수는 연간 280일이다.)

계산 :

$$\text{연천인율} = \frac{15}{540} \times 1000 = 27.78$$

★ 연천인율 :
근로자 1,000명당 연간 재해자수 비율

★ 연천인율 공식 :

① $\text{연천인율} = \left(\frac{\text{연간 재해자수}}{\text{연평균 근로자수}} \right) \times 1000$

② 연천인율 = 도수율 × 2.4

★ 연천인율과 도수율과의 관계 :
1000명 × 2400시간(연간 작업시간) = 1000000 × 2.4 = 10^6 × 2.4

★ 근로자 1인의 1년간 총 근로시간 계산 :
8시간(1일 근로시간) × 300일(1년 근로일수) = 2400시간

★ '연천인율 = 도수율 × 2.4' 공식을 쓰면 안 되는 이유 :
2.4를 곱하는 건 연 300일, 일 8시간 기준이다.
기준이 달라지면 2.4를 곱하면 안 된다.
(문제에 '연간 근로시간'이 제시되어 있다면 2.4를 곱하면 안 된다.)

연천인율 구하는 방법 2 - 소수점 둘째 자리까지 구할 것

- 문제 :
  연평균 근로자수가 1,500명인 어느 공장에서
  연간 재해건수가 60건 발생하였다.
  이 중 사망이 2건, 근로 손실일수가 1,200일인 경우
  연천인율을 구하시오.

계산 :

$$\text{도수율} = \frac{60}{1500 \times 2400} \times 10^6 = 16.67$$

$$\text{연천인율} = 16.67 \times 2.4 = 40.01$$

★

$$\text{도수율(빈도율)} = \left(\frac{\text{재해건수}}{\text{총 근로시간}}\right) \times 10^6$$

★

'연천인율 = 도수율 × 2.4' 공식을 써야 하는 이유 :
문제에서 연간 재해자수와 도수율이 주어지지 않고
근로자수와 재해건수가 주어졌으므로
도수율을 먼저 계산한 후, 연천인율을 계산한다.

★

'사망 = 재해자수' 아님

★

'연천인율 = 도수율 × 2.4' 공식이 유효한 경우는
재해 한 건당 재해자수가 1명일 때이다.

☞ 산업안전기사 필답형 2020년 2회 시험문제

연천인율 구하는 방법 3 - 소수점 둘째 자리까지 구할 것

- **문제 :**

  근로자 1,000명이 작업하고 있는 A 작업장에서
  1주 48시간씩 52주를 작업하는 동안,
  1년간 80건의 재해가 발생하고
  6명의 사상자가 발생하였다.
  이때 도수율과 연천인율을 계산하시오.

  계산 :

  $$\text{도수율} = \frac{80}{1000 \times 48 \times 52} \times 10^6 = 32.05$$

  $$\text{연천인율} = \frac{6}{1000} \times 1000 = 6$$

★
사상자 = 재해자수

★
'연천인율 = 도수율 × 2.4' 공식을 쓰면 안 되는 이유 :
2.4를 곱하는 건 연 300일, 일 8시간 기준이다.
기준이 달라지면 2.4를 곱하면 안 된다.

'48 × 52 = 2496'으로
2,400시간을 초과하므로

'$\text{연천인율} = (\frac{\text{연간 재해자수}}{\text{연평균 근로자수}}) \times 1000$' 공식을 써야 한다.

★
통상적으로
문제에 '연간 근로시간'이 제시되어 있다면 2.4를 곱하면 안 된다.

연천인율 구하는 방법 4 - 소수점 둘째자리까지 구할 것

- 문제 :

  근로자 400명의 어떤 작업장의 연간 재해자수는 14명이었고,
  그중 1건은 사망, 13건은 장해등급 14등급이었다.
  이때의 도수율과 연천인율을 계산하시오.

  계산 :

  도수율 = $\frac{14}{400 \times 2400} \times 10^6 = 14.58$

  연천인율 = $\frac{14}{400} \times 1000 = 35$

★

연천인율 = $\frac{14}{400 \times 2400} \times 10^6 \times 2.4 = 35$

연천인율 = 14.58 × 2.4 = 35가 나오지 않는다.
(34.992로 나옴)

★

'연천인율 = 도수율 × 2.4' 공식을 써도 되는 이유 :
문제에 '연간 근로시간'이 제시되어 있지 않으므로,
2.4를 곱해도 된다.
(2.4를 곱하는 건 연 300일, 일 8시간 기준이다.)

★

연간 근로시간 2400시간(8시간 × 300일)일 때만
'도수율 × 2.4' 공식이 적용된다.
2.4라는 숫자가 2,400시간에서 파생된 것이기 때문이다.

영상표시 단말기(VDT) 작업으로 인한 장애 암기방법

미디어데일 기사 사진

1. 눈의 피로
2. 피부 증상
3. 경견완 증후군
4. 기타 근골격계 증상

★ 경견완 증후군(頸肩腕 症候群) :
목, 어깨, 팔 증후군
(견경완 증후군이 아님에 유의할 것.
'가벼운 개 팔 증후군'으로 암기할 것)

★ 기타 근골격계 증상 : 요통(허리 통증) 등을 말한다.
VDT : Visual Display Terminal의 준말.

★ '질환'이 아닌 '증상'이라는 것에 유의할 것.

산업안전기사 작업형 2013년 3회 2부 시험문제
산업안전기사 작업형 2020년 3회 3부 시험문제

와이어로프의 사용금지사항 암기방법

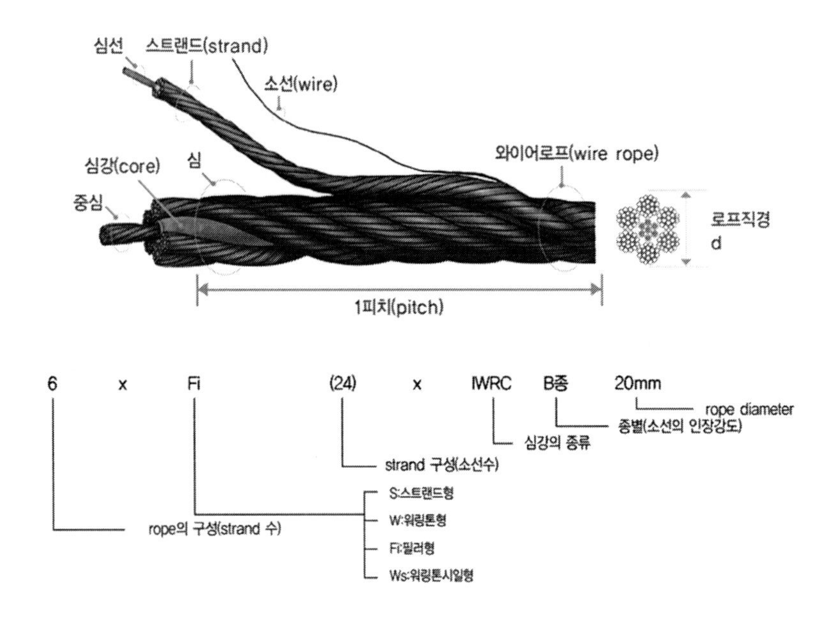

1. 꼬인 것.
2. 이음매가 있는 것.
3. 지름의 감소가 공칭 지름의 7%를 초과하는 것.
4. 와이어로프의 한 꼬임에서 끊어진 소선(素線)의 수가 10% 이상인 것.

★

'꼬이지마(꼬이지와)'로 암기할 것.

'소10 지7'로 암기할 것.

★

추가로 암기할 것.

5. 심하게 변형되거나 부식된 것.
6. 열과 전기충격에 의해 손상된 것.

산업안전기사 필답형 2015년 10월 3일 시험문제

산업안전기사 필답형 2016년 4월 19일 시험문제

와이어로프의 지름 감소율 암기방법

와이어로프의 지름 감소율(%)

$$= \frac{\text{공칭 지름 - 실제 지름}}{\text{공칭 지름}} \times 100$$

★

분자 → 분모 순으로
'공 실 공 백'으로 암기한다.

★

'공실'을 '공'짜로 쓰려면
'빽(백)'이 있어야 한다.

- 문제 1 :
  공칭 지름이 10㎜인 와이어로프의 실제 지름이 9.2㎜였다.
  양중기의 와이어로프로 사용이 가능한지 여부를 판단하시오.

  계산 :
  ① 와이어로프의 지름 감소율
  $$\frac{10-9.2}{10} \times 100 = 8\%$$
  ② 사용 불가능
  (지름의 감소가 공칭 지름의 7%를 초과하는 것은 사용할 수 없다.)

★

와이어로프의 공칭 지름 : 10㎜
지름 9.4㎜ : 사용 가능
지름 9.3㎜ : 사용 가능
지름 9.2㎜ : 사용 불가
지름 9.1㎜ : 사용 불가

• **문제 2 :**

달비계에 사용하는 와이어로프의 현재 지름이 9.1㎝로 측정되었다.
해당 와이어로프의 공칭 지름이 10㎝였다면,
와이어로프의 사용 가능 여부를 판단하고, 그 이유를 설명하시오.

계산 :

① 와이어로프의 지름 감소율

$$\frac{10-9.1}{10} \times 100 = 9\%$$

② 사용 불가능
(지름의 감소가 공칭 지름의 7%를 초과하는 것은 사용할 수 없다.)

★
와이어로프의 공칭 지름 : 10㎝
지름 9.4㎝ : 사용 가능
지름 9.3㎝ : 사용 가능
지름 9.2㎝ : 사용 불가
지름 9.1㎝ : 사용 불가

☞ 산업안전산업기사 필답형 2021년 10월 16일 시험문제

용융 고열물 취급설비를 내부 설치한 건축물의 수증기 폭발방지 조치

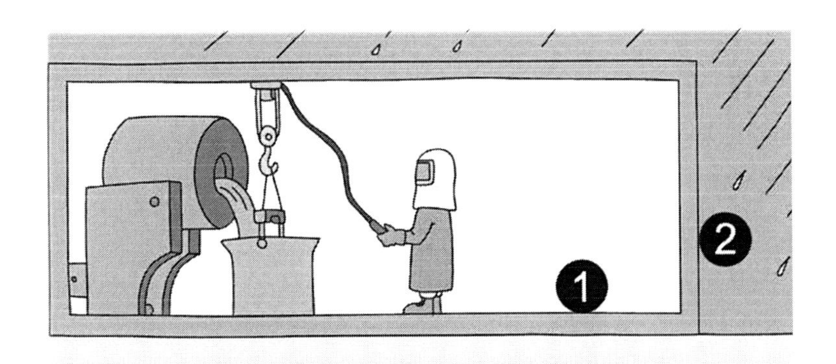

그림 만화로 보는 산업안전보건 기준에 관한 규칙

1. 바닥은 물이 고이지 않는 구조로 할 것.
2. 지붕, 벽, 창문 등은 빗물이 새어들지 않는 구조로 할 것.

★

용융 고열물 :
고체인 광물을 열에 녹여, 액체로 된 고열의 광물.

★

'바 지'로 암기할 것.

★

'지붕 → 벽 → 창문'은 위에서부터 아래 순으로 암기할 것.
('지 벽 창'으로도 암기할 것)

산업안전기사 필답형 2021년 10월 16일 시험문제

용접기(아세틸렌 용접장치) 도관의 점검사항 3가지 암기방법

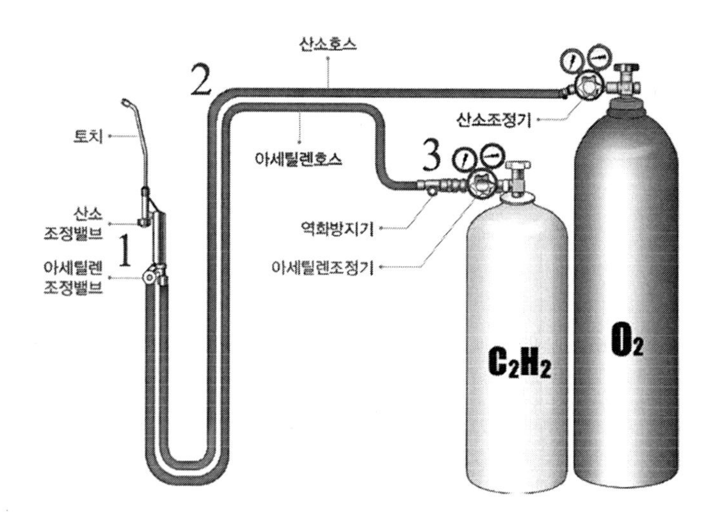

1. 밸브의 작동 상태
2. 누출의 유무
3. '역화 방지기 접속부' 및 '밸브 코크 작동상태'의 이상 유무

★

도관(導管) : 물, 수증기, 가스 등이 통하도록 만든 관.
(= 파이프)

★

역화 방지기 = 안전기
코크 = 콕

☞ 산업안전기사 필답형 2016년 4월 19일 시험문제

용접용 보안면의 성능시험 항목 암기방법

1. 내충격성 시험
2. 낙하 시험
3. 내노후성 시험
4. 내식성 시험

★ 암기방법 1 :
용접용 보안면에 충격(1)을 주고 낙하(2)를 시켰더니,
금방 노후(3)가 되고 부식(4)이 되었다.

★ 암기방법 2 :
용접사 연기로 유명한 배우는
충남(충낙 1, 2)의 박노식(노식 3, 4)이다.

★ 뒤에 '시험'을 꼭 붙일 것.
'낙하 시험'에는 '내(耐)'가 붙지 않는다.

★ 내식성(耐蝕性) : 부식이나 침식을 잘 견디는 성질.
노후(老朽) : 제구실을 하지 못할 정도로 낡고 오래됨.

★ 위의 4개를 제외한 성능시험 항목 :
내발화, 관통성 시험(한개의 항목임)
절연 시험
투과율 시험
차광능력 시험

≫ 산업안전산업기사 작업형 2018년 2회 1부 시험문제
≫ 산업안전산업기사 작업형 2019년 2회 2부 시험문제

'원동기, 회전축, 기어, 풀리, 플라이휠, 벨트, 체인'의 방호장치 종류 암기방법

그림 산업안전공단

기계의 원동기·회전축·기어·풀리·플라이휠·벨트 및 체인 등
근로자가 위험에 처할 우려가 있는 부위에
(덮개)·(울)·(슬리브) 및 (건널다리) 등을 설치하여야 한다.

★ 원동기 방호장치 위에 '덮을 것을' 찾아봐라.
(덮을 것을 → 덮 울 건 슬)

★ 슬리브 : 소매 형태의 방호장치

★ '산업안전보건 기준에 관한 규칙에 의하여,
원동기, 회전축 등의 위험방지를 위한, 기계적인 안전조치를 적으시오.'
이렇게 문제가 나올 수 있음.

산업안전기사 필답형 2018년 4월 14일 시험문제

원동기, 회전축 등의 위험방지 암기방법

1.
기계의 (원동기)·(회전축)·(기어)·(풀리)·(플라이휠)·벨트 및 체인 등
근로자가 위험에 처할 우려가 있는 부위에
덮개·울·슬리브 및 건널다리 등을 설치하여야 한다.

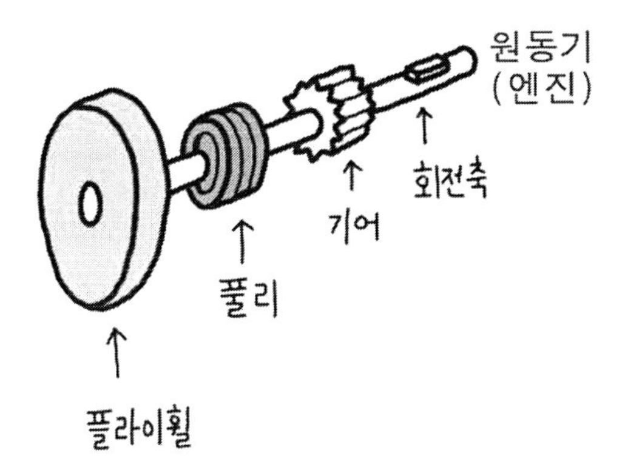

그림 오이행의 관심만땅 창고 블로그

2.
사업주는 (회전축)·(기어)·(풀리) 및 (플라이휠) 등에 부속되는
키·핀 등의 기계요소는
묻힘형으로 하거나 해당 부위에 덮개를 설치하여야 한다.

★ 원동기는 기계 요소에 '풀릴 기회'를 주어야 한다.
(풀릴 기회 → 풀 휠 기 회)

3.
사업주는 벨트의 이음 부분에
(돌출된 고정구)를 사용해서는 아니 된다.

★ 묻힘형 고정구를 사용해야 한다.

원심기 점검 시 안전작업대책 암기방법

1.
원심기 전원을 차단하고, '점검중' 표지판을 부착할 것.
2.
인터록 구조의 회전체 접촉 예방장치를 설치할 것.
3.
보안경 등 보호구를 착용할 것.

★
인터록 구조 = 연동 구조
회전체 접촉 예방장치 = 덮개

☞ 산업안전산업기사 작업형 2015년 2회 1부 시험문제

웨버의 연쇄성 이론 5단계

1단계 : 사회적 환경 및 유전적 요소(유전과 환경)
2단계 : 개인적 결함(인간의 결함)
3단계 : 불완전 행동 및 불완전 상태(직접 원인)
4단계 : 사고
5단계 : 재해(상해)

★
선천적 결함 = 사회적 환경 및 유전적 요소
선천적 결함 = 사회, 환경, 유전적 결함
선천적 결함 = 유전과 환경

★
'하인리히'의 사고 발생 도미노 5단계와
'웨버'의 연쇄성 이론 5단계는
사실상 같다고 볼 수 있다.

★
'유 개 불 사 재'로 암기한다.
(1단계에 반드시 '유전'이란 단어가 들어간다.)

산업안전기사 필답형 2012년 7월 8일 시험문제

위험기계 조종장치의 촉각적 암호화 3가지 암기방법

1. 형상 암호화
2. 크기 암호화
3. 표면촉감 암호화

위험기계를 다루는 형(1)은
몸집이 크기(2) 때문에 단번에 표(3)가 난다.

☞ 산업안전산업기사 필답형 2013년 4월 21일 시험문제
☞ 산업안전산업기사 필답형 2016년 4월 19일 시험문제
☞ 산업안전산업기사 필답형 2021년 4월 25일 시험문제

위험물과 혼재 가능한 물질 암기방법

[보기]

① 산화성 고체
② 가연성 고체
③ 자연발화성 및 금수성
④ 인화성 액체
⑤ 자기반응성 물질
⑥ 산화성 액체

(1) 산화성 고체 : 산화성 액체
(2) 가연성 고체 : 인화성 액체, 자기반응성 물질
(3) 자기반응성 물질 : 가연성 고체, 인화성 액체
(4) 자연발화성 및 금수성 : 인화성 액체

★

1. 산화시킬 때는 '고액'권(신사임당)이 필요하다.
2. 가요! 닌자(가여 인자)
3. 자기에게 뻑 가는 반응을 보이는 여자들은
'가인(미인)'이라고 착각한다.
4. 자연에는 금수(짐승)와 인간이 공존한다.

★

닌자(忍者) : 옛날 일본의 복면 자객

산업안전기사 필답형 2013년 4월 21일 시험문제

위험물을 다루는 바닥이 갖추어야 할 조건 암기방법

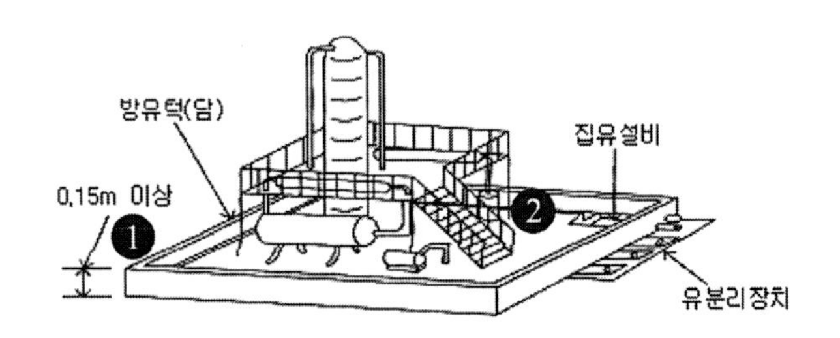

1. 누출 시 액체가 확산되지 않도록, 높이 15㎝ 이상의 턱을 설치한다.
2. 바닥은 불침투성 재료를 사용한다.

★ 턱 : 평평한 곳의 어느 한 부분이 갑자기 조금 높게 된 자리.

☞ 산업안전산업기사 작업형 2014년 3회 2부 시험문제

위험물질의 종류 암기방법 - 산업안전보건법상

1. 인화성 액체
2. 산화성 액체 및 산화성 고체
3. 폭발성 물질 및 유기 과산화물
4. 급성 독성물질
5. 부식성 물질

★ 안전보건표지의 경고표지를 연상하며 암기한다.
(인 산 폭 급 부)

(1, 2, 3번이 다소 차이가 있다.)

★ 위의 5개 위험물질 외에 2개가 더 추가된다.

6. 인화성 가스
7. 물반응성 물질 및 인화성 고체
   ('인화성'과 관련된 물질은 총 3개이다.)

☞ 산업안전기사 필답형 2019년 4월 13일 시험문제

 유기용제 취급 작업장의 안전수칙

1.
작업장 내 잘 보이는 곳에 소화기를 비치한다.
2.
작업장 안에서 일체의 화기 사용을 금지한다.
3.
유기용제는
'국소 배기장치, 전체 환기장치'가 설치된 장소에서 취급한다.
4.
작업자는 '방독 마스크, 화학물질용 보호복,
화학물질용 안전장갑, 화학물질용 안전화'를 착용한다.

★

1, 2번은 화재와 관련된 항목이다.

★

보호구는 '화학물질용'으로 통일한다.
(위 → 아래 순으로 암기한다.)

★

국소 배기장치는 일정 공간만 환기한다.

★

유기용제(有機溶劑) :
물질을 녹이는 액체인 휘발유나 벤젠 등의 화학물질을 말하며,
기계가 정밀화됨에 따라 기계를 보존하기 위한 세척제로도 사용된다.
고무신 공장의 노동자들이 사용하는 사염화염이나
전화교환기계 조정실에서 세정제로 쓰이는 사염화탄소가 바로 유기용제들이다.
해로운 유기용제로는
이황화탄소, 트리클로로에틸렌, 사염화탄소, 노르말헥산 등이 있다.
유기용제는 휘발성과 독성이 있어
체내에 흡수되면 여러 가지 중독증상을 나타낸다.
유기용제에 의한 증상으로는 빈혈이 가장 많으며,
이해력, 기억력, 판단력이 감퇴되는 현상이 나타나며,
심하면 호흡이 불가능하게 되기도 한다.

☞ 산업안전산업기사 작업형 2020년 2회 2부 시험문제

유해물질 취급장소에 게시하여야 하는 사항 암기방법

그림 산업안전공단

1. 관리대상 유해물질의 명칭
2. 인체에 미치는 영향
3. 착용하여야 하는 보호구
4. 취급상 주의사항

암기방법 :

유해물질 취급장소에서는

관인(1, 2) 도장을 찍은 다음, 착취(3, 4)한다.

(관인 : 정부기관에서 발행하는, 인증이 필요한 문서에 찍는 도장)

★

'유해물질 취급장소'와

'관리대상 유해물질을 취급하는 작업장의 보기 쉬운 장소'가 동일하다.

★

'DMF(디메틸포름아미드)'는 관리대상 유해물질에 해당함.

산업안전산업기사 작업형 2018년 3회 2부 시험문제

산업안전산업기사 작업형 2020년 4회 2부 시험문제

유해위험방지 계획서를 제출하여야 하는 건설공사 암기방법

숫자 크기 순서 :

2000만 - 3만 - 5000 - 50 - 31 - 10 - 터널

숫자 크기 순서대로 암기한다.

(이 중에서 4개 정도 암기하면 된다.)

1. 다목적댐, 발전용 댐 및 저수용량 2,000만 톤 이상의 용수 전용 댐, 지방상수도 전용 댐 건설 등의 공사

2. 연면적 30,000㎡ 이상인 건축물

3. 연면적 5000㎡ 이상의 냉동·냉장 창고시설의 설비공사 및 단열공사

4. 연면적 5,000㎡ 이상의 문화 및 집회 시설 (전시장 및 동물원·식물원은 제외)

5. 최대 지간 길이가 50m 이상인 교량 건설 등 공사

6. 지상 높이가 31m 이상인 건축물 또는 인공구조물

7. 깊이 10m 이상인 굴착공사

8. 터널 건설 등의 공사

★ **연면적(延面積) :**

건물 각 층의 바닥 면적을 합한 전체 면적.

(= 연건축면적, 총넓이, 총면적)

★ **지간 길이** : 다리의 기둥과 기둥의 중심 사이의 거리

산업안전기사 필답형 2017년 4월 27일 시험문제

산업안전기사 필답형 2021년 10월 16일 시험문제

유해위험방지 계획서 작성 대상 제조업의 종류 암기방법
(전기 사용설비 정격용량의 합이 300kW 이상인 사업)

1. 1차 금속 제조업
2. 금속 가공제품 제조업(기계 및 가구는 제외)
3. 비금속 광물제품 제조업

4. 반도체 제조업
5. 전자부품 제조업
6. 자동차 및 트레일러 제조업

★ 금속 관련 제조업은 전기를 많이 사용한다.

★ 일단 3개를 먼저 외우고, 여유가 있으면 나머지를 외운다.

★ '전자제품 제조업' 아님.

★ 트레일러 = 추레라(연결 화물차, 견인 화물차)

※ 산업안전기사 필답형 2020년 5월 24일 시험문제

이동식 비계의 구조(이동식 비계작업의 준수사항) 4가지 암기방법

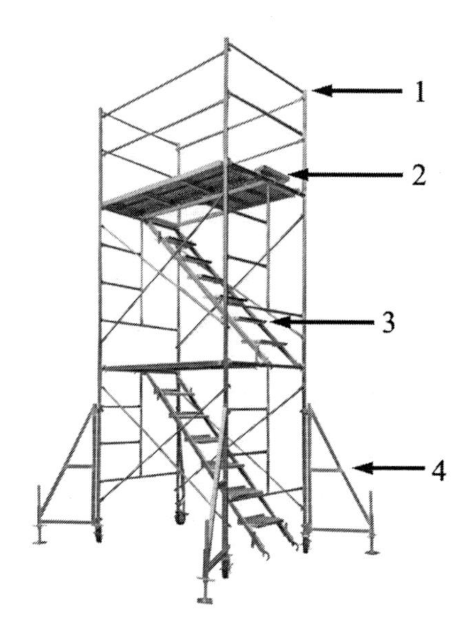

1. 비계의 최상부에서 작업을 할 때는 안전난간을 설치할 것.

2. 작업발판의 최대 적재하중은 250kg을 초과하지 않도록 할 것.

3. 승강용 사다리는 견고하게 설치할 것.

4. 갑작스러운 이동, 전도(넘어짐)를 방지하기 위하여
'브레이크, 쐐기' 등으로 바퀴를 고정시키거나,
'아웃트리거(전도방지용 지지대)'를 설치할 것.

★ 위 → 아래 순서로 암기할 것.

★ 이동식 비계이므로 이백오십(250)kg

산업안전기사 필답형 2018년 10월 6일 시험문제

산업안전기사 작업형 2018년 2회 2부 시험문제

이동식 사다리의 설치기준(구조)

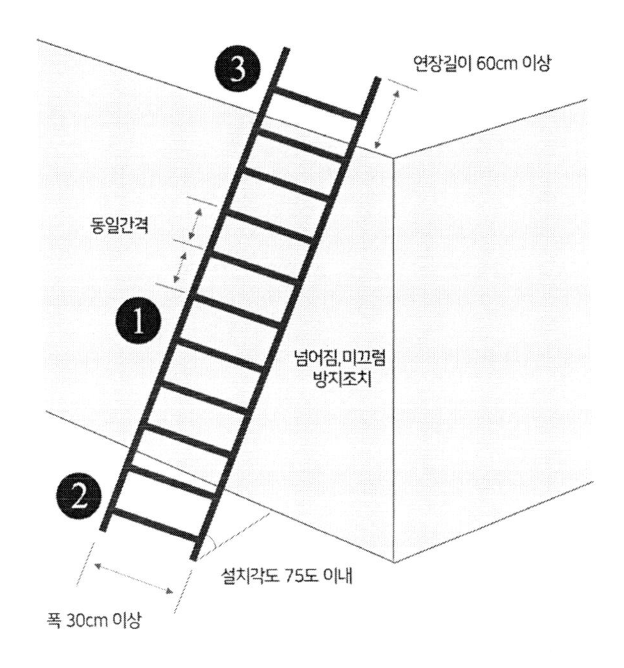

1.
길이가 6m를 초과해서는 안 된다.

2.
다리의 벌림은 벽 높이의 $\frac{1}{4}$ 정도가 적당하다.

3.
벽면 상부로부터 최소한 60㎝ 이상의 연장 길이가 있어야 한다.

★
1번은 6m 이내, 6m 이하(총길이 6m까지는 가능).

★
다리의 벌림은 '사다리의 길이'가 아니라
'벽 높이'가 기준이 된다.

★
'사다리식 통로'와 다름에 유의할 것.
사다리식 통로 = 주로 '고정식 사다리'를 말함.

★
연장 길이 = 여장 길이 = 여유 길이

★
이동식 사다리의 구조는 사다리식 통로와는 달리
오직 3개만 있으므로
'길 다 벽'으로 모두 암기할 것.
(아니면 '벽이 길다'로 외워도 된다.)

★
'이동식 사다리 작업 시의 준수사항'으로
기출문제가 나온 적이 있다.

☞ 산업안전산업기사 작업형 2019년 3회 2부 시험문제

☞ 산업안전기사 필답형 2011년 5월 1일 시험문제

☞ 산업안전기사 작업형 2020년 3회 3부 시험문제

이동식 크레인으로 배관 운반 시 작업 지휘자(관리감독자)의 역할

1.
작업방법과 근로자 배치를 결정하고, 그 작업을 지휘하는 일
2.
작업 중 '안전대 또는 안전모'의 착용상황을 감시하는 일
3.
'재료의 결함 유무' 또는 '기구와 공구의 기능'을 점검하고,
불량품을 제거하는 일

★
'방법 → 안전(사람) → 재료, 기구' 순으로 암기한다.
(방 안 재)

★
'작근 안착 재기불'로 암기한다.
'작 안 재'로 암기한다.

★
'이동식 크레인' 대신 '크레인'으로 작업해도 마찬가지다.

산업안전산업기사 작업형 2013년 1회 2부 시험문제
산업안전산업기사 작업형 2020년 4회 2부 시험문제

이동식 크레인을 이용하여, 형강(or 배관) 운반작업 시 준수사항

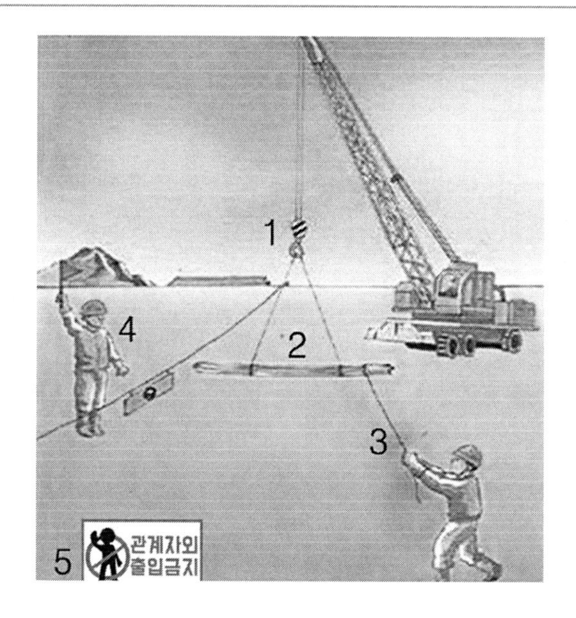

1. 훅의 해지장치를 사용하여
   인양물이 훅에서 이탈하는 것을 방지한다.

2. 형강(배관, 비계) 인양 시, 2줄 걸이로 인양한다.

3. 유도 로프(보조 로프)를 사용하여, 흔들림을 방지한다.

4. 신호수를 배치하여, 표준 신호에 따라 작업을 실시한다.

5. 작업구역 내에 출입 금지구역을 설정하여,
   관계 근로자 외의 출입을 금지시킨다.

★ 훅 = 후크 = 갈고리
('피터팬'의 해적 두목 이름도 '후크')

★ '형강' 대신 '배관, 비계' 등 긴 자재를 이동시킬 수 있다.
(2줄 걸이, 유도 로프, 신호수가 필요함)

★ 다음과 같은 내용으로 표현할 수도 있다.

〈이동식 크레인으로 배관 운반작업 시,
낙하비래 위험을 방지하기 위한 안전대책〉

1. 훅의 해지상태 확인
2. 두줄걸이로 줄걸이 방법 변경
3. 유도로프를 사용하여, 흔들림 방지
4. 와이어로프 상태 점검하여, 불량품 제거
5. 작업반경 내, 관계자 외 출입금지 조치

☞ 산업안전산업기사 작업형 2019년 3회 1부 시험문제

☞ 산업안전산업기사 작업형 2019년 3회 2부 시험문제

☞ 산업안전산업기사 작업형 2021년 1회 1부 시험문제

☞ 산업안전기사 작업형 2017년 3회 3부 시험문제

이동식 크레인의 작업시작 전 점검사항 암기방법

1. 권과 방지장치나 그 밖의 경보장치의 기능
2. 브레이크, 클러치, 조정장치의 기능
3. 와이어로프가 통하고 있는 곳 및 작업장소의 지반 상태

★

시계 반대방향으로 암기한다.

★

조정장치 = 운전장치

권과 방지장치 : 과하게 감기는 것을 방지하는 장치

★

'크레인'과 '이동식 크레인'의 가장 큰 차이점은

'주행로의 상측 및 트롤리가 횡행하는 레일의 상태'의 유무이다.

★

이동식 크레인은 한곳에서 정착해서 작업하는 것이 아니라

이곳저곳으로 이동하며 작업하므로,

작업하는 장소의 지반 상태(땅 표면의 경사도 등)가

타워 크레인 등에 비해 훨씬 중요하다.

★

크레인 : 크게 될 운이 있으므로 '운전장치'

이동식 크레인 : 크레인 다음 2조이므로 '조정장치'

이조(李朝)시대는 조정(朝廷, 정부기구)에 의해 운영되었다.

☞ 산업안전기사 필답형 2016년 10월 5일 시험문제

☞ 산업안전기사 작업형 2018년 2회 3부 시험문제

☞ 산업안전기사 작업형 2020년 4회 1부 시험문제

이동식 크레인 작업 시 운전자의 안전조치사항

1. 인양 중인 화물이 작업자의 머리 위로 통과하지 않게 한다.
2. 작업 중 운전석 이탈을 금지한다.
3. '이동식 크레인의 지브'와 '인양물 또는 각종 장애물'과 부딪치지 않게 한다.

★ 오로지 '운전자의 관점'이라는 것에 주목할 것.

★ 지브(jib) :
기중기(크레인)에서, 앞으로 내뻗친 팔뚝 모양의 긴 장치.

★ '이동식 크레인의 지브'가 '인양물'과 충돌하지 않게 해야 한다.
'이동식 크레인의 지브'가 '장애물'과 충돌하지 않게 해야 한다.

산업안전기사 작업형 2014년 3회 2부 시험문제

산업안전기사 작업형 2015년 1회 1부 시험문제

이동식 크레인 작업 중 화물의 낙하비래 위험을 방지하기 위한 사전점검(조치사항) 암기방법

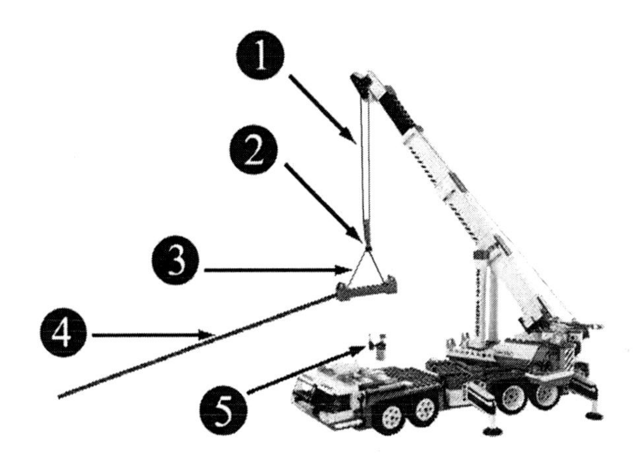

1. 와이어로프 상태 점검
2. 훅의 해지장치 점검
3. 줄걸이 방법 점검
4. '유도 로프'로 화물의 흔들림 방지
5. 인양중인 화물이 작업자의 머리 위로 통과하지 않게 할 것.

★ 화물의 낙하비래 :
화물이 떨어짐, 화물이 날아가 부딪힘.

★ 동영상 문제에 따라 다음과 같이 답이 바뀔 수 있다.

1. 와이어로프 상태 점검
2. 훅의 해지장치 점검
3. 줄걸이 방법 점검
4. 작업반경 내, 관계 근로자 외 출입금지 조치

산업안전기사 작업형 2013년 2회 2부 시험문제
산업안전기사 작업형 2017년 1회 3부 시험문제

인간관계의 메커니즘(원리, mechanism)에 대한 암기방법

1. 투사 :
   자기 속의 억압된 것을 다른 사람의 것으로 생각하는 것.
   ('압사'로 암기할 것)

2. 동일화 :
   다른 사람의 행동 양식이나 태도를 투입시키거나
   다른 사람 가운데서 자기와 비슷한 점을 발견하는 것.
   ('태동'으로 암기할 것)

3. 모방 :
   남의 행동이나 판단을 표본으로 하여
   그것과 같거나 또는 그것에 가까운 행동 또는 판단을 취하는 것.
   ('표방'으로 암기할 것)

★
'매커니즘' 아님.

★
압사(壓死) : 무거운 것에 눌려 죽음.
태동(胎動) : 어떤 일이 생기려는 기운이 싹틈.

★
인간의 행동성향 = 인간관계 메커니즘

산업안전기사 필답형 2018년 10월 6일 시험문제
산업안전기사 필답형 2022년 1회차 시험문제

인간의 '주의 특성'의 종류 암기방법

1. 변동성
2. 방향성
3. 선택성
4. 단속성

★ 인간이 바다에서 주의해야 할 것은 '변방의 선단'이라고 암기한다.

☞ 산업안전기사 필답형 2021년 10월 16일 시험문제

인체 계측자료의 응용 3원칙 암기방법

1. 조절식 설계(조절 범위)
2. 극단치 설계(최대치수와 최소치수 설계)
3. 평균치 설계

★ '조절치'가 아님에 유의할 것.

★ '조 극 평'으로 암기할 것. (조국평 → 조극평)

★ 서울대 교수 '조국'이나
북한의 '조국평화 통일위원회'를 연상하면서 암기할 것.

☞ 산업안전기사 필답형 2019년 6월 29일 시험문제

'인화성 물질 증기, 가연성 가스, 가연성 분진'이 폭발·화재 발생할 때의 예방대책

1. 환풍기, 배풍기 등의 환기장치를 설치

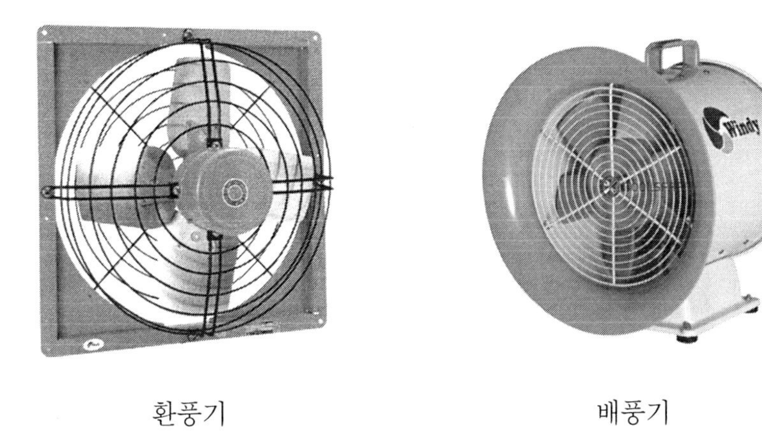

환풍기　　　　배풍기

2. 가스 검지 및 경보장치를 설치

★
검지(檢知) : 검사하여 알아냄.

산업안전산업기사 작업형 2013년 2회 2부 시험문제
산업안전산업기사 작업형 2014년 3회 1부 시험문제

인화성 물질 저장창고 작업 시, 폭발의 원인이 되는 발화원의 형태와 종류

인화성 물질이 든, 드럼통을 들고 온 작업자가
윗옷을 벗음과 동시에 폭발사고가 발생한다.

1. **발화원의 형태** : 정전기 스파크 or 정전기 발생 현상

2. **발화원의 종류**
   ① 박리대전 - 옷을 벗을 때
   ② 마찰대전 - 신발과 바닥 사이

★
'실로 박은 옷과 마차용 신발'로 암기한다.

산업안전기사 작업형 2017년 3회 2부 시험문제

일선(선두, 맨 앞) 관리감독자 대상 교육(TWI) 암기방법

1. JMT (존맛탱) - 작업방법 기법
2. JIT (존있탕) - 작업 지도 기법
3. JRT(존알탕) - 작업 관계 기법(부하 통솔법, 인간관계 관리기법)
4. JST(존사탕) - 작업 안전 기법

★

최전선에서 일하는 일선 관리감독자에게는

존나게 맛(1)있(2)는 알(3)사(4)탕을 지급한다.

★

일선(一線) :

일을 실행하는 데에서 맨 앞장,

적과 맞서는 맨 앞의 전선(戰線).

★

MIRS(방 지 부 안) :

Method, Instruction, Relation, Safety

산업안전산업기사 필답형 2017년 7월 13일 시험문제

일행정(한 번 왕복) 일정지(한 번 정지)식 프레스 방호장치의 암기방법

1. 게이트 가드식
2. 양수조작식(양수기동식 아님)

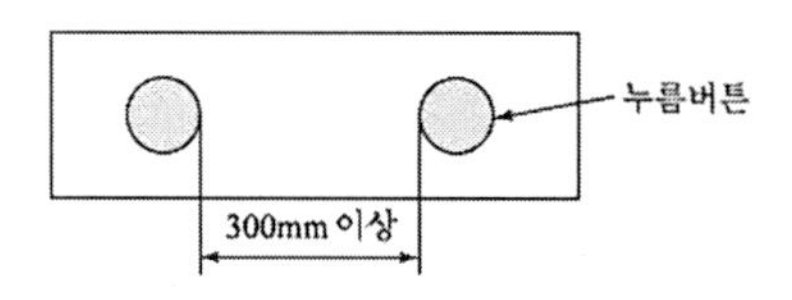

양수조작식 방호장치

행정기관의 국기 게양

★

암기방법 :

행정기관의 국기 게양(1, 2)은
하루에 한 번밖에 왕복하지 않으므로
직접 조작한다.

★

일행정 일정지 기구(一行程 一停止 機構) :

일행정 일정지 기구는 클러치를 작동시키는 동작이 계속되어도

크랭크축이 1회전하여 상사점에 도달하면
자동적으로 클러치가 분리되어 정지하도록 하는 장치이다.
구체적으로 설명하면
발로 조작하는 프레스에서 클러치가 작동된 후,
페달을 계속 밟아도 슬라이드가 상사점에 달하면
자동적으로 클러치가 분리되어 정지하는 기능을 갖춘 장치이다.
(프레스, 전단기, 사출 성형기)

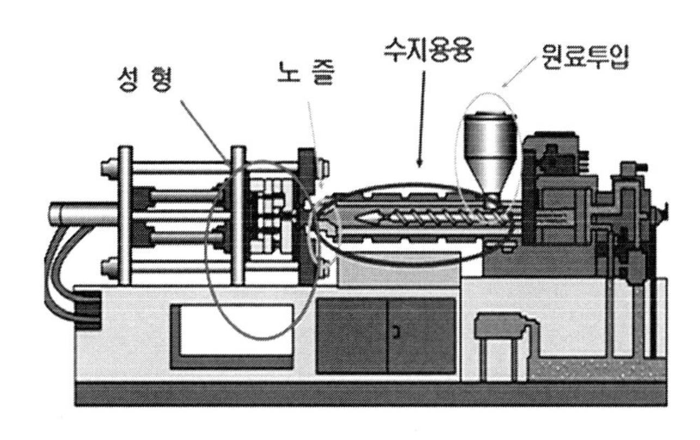

사출 성형기

산업안전산업기사 필답형 2015년 10월 3일 시험문제
산업안전산업기사 작업형 2019년 1회 1부 시험문제
산업안전기사 필답형 2013년 4월 21일 시험문제

자동운동이 잘 발생되는 조건(인간의 착각현상 중)

1. 광점이 작을 것
2. 시야의 다른 부분이 어두울 것
3. 빛(광)의 강도가 작을 것
4. 대상이 단순할(단조로울) 것

★
자동운동 현상(自動運動 現象, automatic movement) :
어두운 공간 속에서 하나의 광점(光點)을 보고 있으면
그 점이 움직이는 듯이 보이는 착각 현상.
자기 암시에 의하여 좌우되는 것으로
지각(판단)에 미치는 사회적 힘의 증거가 되기도 한다.
안구의 불규칙한 운동 때문에 생기는 현상이다.

※ 예 :
야간에 비행하는 비행기의 경우,
실제로는 고정된 불빛을 움직이는 불빛으로 착각하여
자기의 앞에서 비행하는 다른 비행기로 인식하고
그 불빛을 따라가다 충돌하는 경우이다.
따라서 야간에 표시되는 불빛은
섬광(순간적으로 강렬히 번쩍이는 빛)으로 하도록 한다.

산업안전산업기사 필답형 2014년 10월 5일 시험문제

자동차 '브레이크 라이닝'의 화학약품 세척작업 시, 작업자가 착용해야 할 보호구 암기방법

1. 보안경
2. 방독 마스크
3. 화학물질용 보호복
4. 화학물질용 안전장갑
5. 화학물질용 안전화

★ 위에서 아래로 순서대로 암기한다.

★ '화학물질용 안전복'이 아님에 유의할 것.

★ '고글형 보호안경'은
석면 취급작업(브레이크 라이닝 패드 등) 등에 사용한다.

★ 방독 마스크도 '호흡용 보호구' 등으로 쓰지 말고,
그냥 '방독 마스크'로 통일할 것.

산업안전기사 작업형 2013년 3회 1부 시험문제

자율안전 확인대상 기계/기구/설비 종류 암기방법 1

1. 인쇄기
2. 연삭기/연마기(휴대형은 제외)
3. 파쇄기/분쇄기
4. 혼합기

전부 '기'자로 끝나는 기계임.

자율적인 결혼은
'인연'은 있었으나 '파혼'으로 끝남.

☞ 산업안전기사 필답형 2007년 3회차 시험문제

☞ 산업안전기사 필답형 2018년 10월 6일 시험문제

자율안전 확인대상 기계/기구/설비 종류 암기방법 2

1. 연삭기 또는 연마기(휴대형은 제외)
2. 파쇄기 또는 분쇄기
3. 컨베이어
4. 혼합기
5. 인쇄기

★

연삭기 또는 연마기 - 잉크 원석을 깎아내어 가루로 만든다.
파쇄기 또는 분쇄기 - 잉크 재료를 부숴서 가루로 만든다.
컨베이어 - 잉크 가루를 혼합기로 이동시킨다.
혼합기 - 양쪽의 가루를 혼합해서 잉크로 만든다.
인쇄기 - 종이에 잉크로 찍어낸다.

★

공장 안에서 자율적으로
안전을 지키며 작업해야 하므로,
'휴대형'은 제외한다.

★

'컨테이너'가 아님에 유의할 것.

☞ 산업안전기사 필답형 2007년 3회차 시험문제

☞ 산업안전기사 필답형 2018년 10월 6일 시험문제

자율안전 확인대상 기계/기구의 '방호장치' 종류 암기방법

1. (아세틸렌, 가스집합 용접장치용) 안전기
2. (교류아크 용접기용) 자동전격 방지기
3. 롤러기 급정지 장치
4. 연삭기 덮개

★

자율적으로 방호장치로 막고
방호장치 안에 앉아볼련?
(앉아볼련 → 안 자 롤 연)

★

안전기 = 역화 방지기

☞ 산업안전산업기사 필답형 2013년 10월 6일 시험문제

☞ 산업안전산업기사 필답형 2016년 10월 5일 시험문제

☞ 산업안전산업기사 필답형 2020년 5월 24일 시험문제

ㅈ

작업발판 일체형 거푸집의 종류 암기방법

▶ "**작업발판 일체형 거푸집**"이란 거푸집의 설치·해체, 철근 조립, 콘크리트 타설, 콘크리트 면처리 작업 등을 위하여 거푸집을 작업발판과 일체로 제작하여 사용하는 거푸집

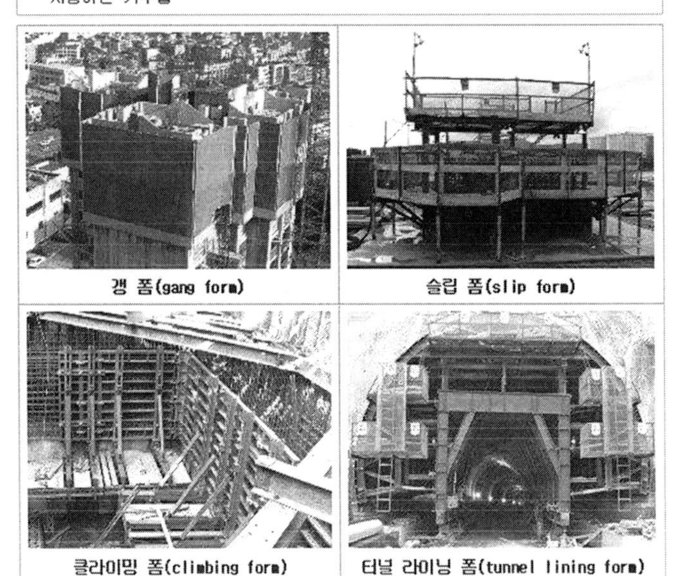

갱 폼(gang form)
슬립 폼(slip form)
클라이밍 폼(climbing form)
터널 라이닝 폼(tunnel lining form)

1. 갱 폼
2. 슬립 폼
3. 클라이밍 폼
4. 터널 라이닝 폼

'갱'들을 '쓸'어버리는 '큰'일에는
'터'미네이터가 필요하다.

☞ 산업안전기사 필답형 2013년 4월 21일 시험문제
☞ 산업안전기사 필답형 2020년 11월 29일 시험문제

작위 오류(행동 오류)의 종류 암기방법

기사 사진

'윤석열' 대통령이 해외 정상에 대한 영접순서를 착각함
→ 순서 오류

'윤석열' 대통령이 해외 정상에 대한 영접시간을 잘못 앎
→ 시간 오류

'윤석열' 대통령이 해외 정상에게 코로나 검사를 선택하라고 얘기함
→ 과잉행동 오류(선택 오류)

★
작위적인 '순실이의 과잉행동'으로 암기해도 된다.
(순실이는 인생 자체가 작위적임)

산업안전산업기사 필답형 2015년 10월 3일 시험문제

작위적 오류와 부작위적 오류의 암기방법

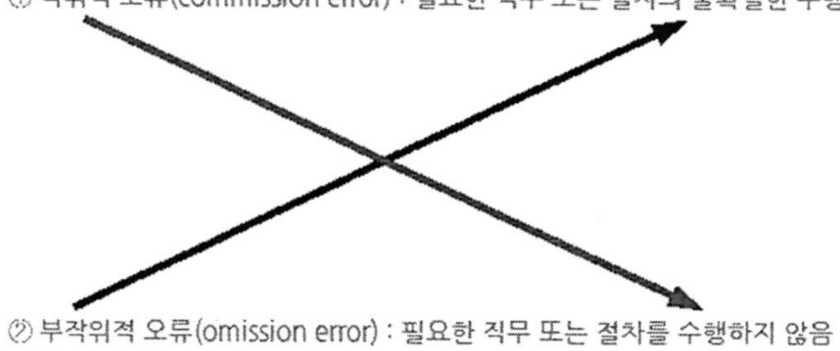
① 작위적 오류(commission error) : 필요한 직무 또는 절차의 불확실한 수행
② 부작위적 오류(omission error) : 필요한 직무 또는 절차를 수행하지 않음

1. 작위적 오류 :
   '부(불)' 글자가 반대쪽에서 날아왔으므로
   '불확실한 수행'

2. 부작위적 오류 :
   '부(불)' 글자가 반대쪽에서 아예 오지 않았으므로
   '수행하지 않음'

용어와 해설을 반대 방향으로 암기한다.

산업안전기사 필답형 2016년 4월 19일 시험문제

산업안전기사 필답형 2020년 1회차 시험문제

잠함, 우물통, 수직갱 등의 내부에서 굴착작업을 하는 경우의 준수사항

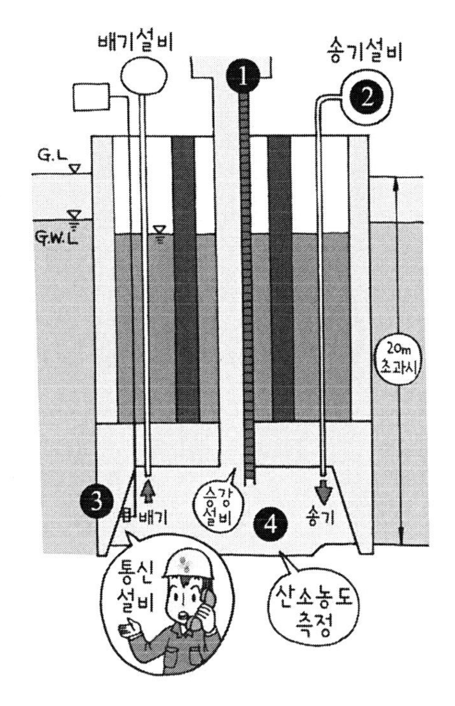

그림
만화로 보는 산업안전보건
기준에 관한 규칙

1.
근로자가 안전하게 오르내리기 위한 설비를 설치할 것.

2.
굴착 깊이가 20미터를 초과하는 경우에는
송기(공기를 보냄)를 위한 설비를 설치할 것.

3.
굴착 깊이가 20미터를 초과하는 경우에는
외부와의 연락을 위한 통신설비 등을 설치할 것.

4.
산소의 농도를 측정하는 사람을 지명하여
측정하도록 할 것

산업안전기사 필답형 2017년 4월 27일 시험문제

잠함, 우물통의 급격한 침하에 의한 위험을 방지하기 위한 준수사항

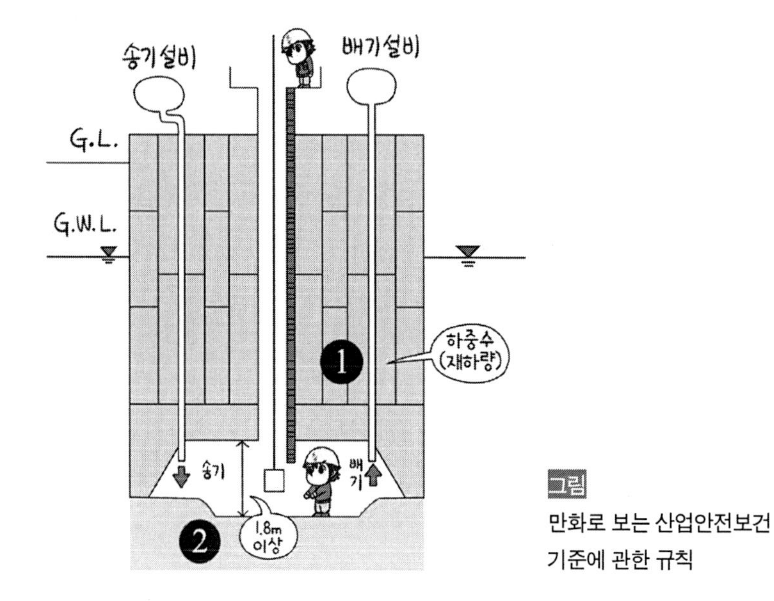

그림
만화로 보는 산업안전보건 기준에 관한 규칙

1.
침하 관계도에 따라,
굴착방법 및 재하량 등을 정할 것.

2.
바닥으로부터 '천장 또는 보'까지의 높이는
1.8미터 이상으로 할 것.

★ '침 바'로 암기할 것.

★ 재하량(載荷量) : 하중을 적재하는 양

★ 기출문제에 '급격한 침하'라는 용어가 들어간다는 것에 유의할 것.

산업안전기사 필답형 2012년 7월 8일 시험문제

산업안전기사 필답형 2013년 7월 14일 시험문제

장약작업 시의 준수사항

1.
화약이나 폭약을 장전하는 경우에는
그 부근에서 화기를 사용하거나 흡연을 하지 않도록 할 것.

2.
장전구(裝塡具)는 마찰·충격·정전기 등에 의한
폭발의 위험이 없는 안전한 것을 사용할 것.

3.
발파공의 충진 재료는
점토·모래 등 발화성 또는 인화성의 위험이 없는 재료를 사용할 것.

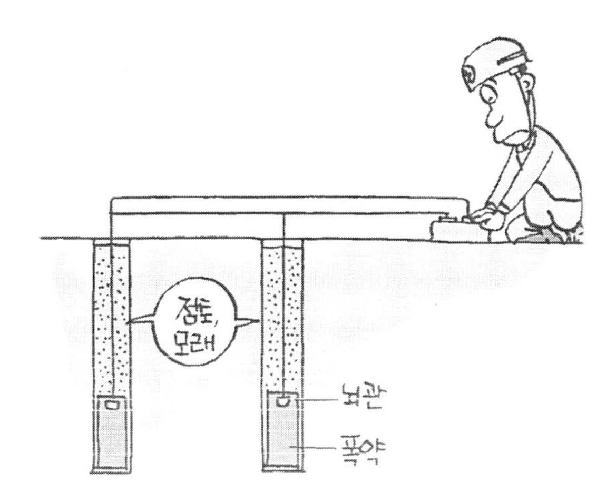

★ 장전구 = 장진구
(모두 사용 가능함)

★ '전용 장전구' 대신 '철근'을 사용하게 되면
마찰·충격·정전기 등에 의해 폭발의 위험성이 있다.
(마 충 전)

★ 장약(裝藥) : 장전한 화약이나 탄약
발파공(發破孔) : 폭파용 구멍
충진 재료(衝振 材料) : 소음, 진동, 충격 등을 완화시키는 소재

☞ 산업안전산업기사 작업형 2015년 2회 2부 시험문제
☞ 산업안전산업기사 작업형 2019년 3회 1부 시험문제
☞ 산업안전산업기사 작업형 2020년 2회 3부 시험문제

재해 손실비 종류 암기방법

1. 하인리히 방식
총 재해비용 = 직접비 + 간접비
(1 : 4)

★ 하인들은 직접적으로 돈을 받는 것을 좋아한다.

2. 시몬즈 방식
총 재해비용 = 보험 비용 + 비보험 비용
(총 재해코스트 = 보험 코스트 + 비보험 코스트)

★ 시어머니는 보험영업을 평생 동안 하셨다.

☞ 산업안전기사 필기 2020년 1~2회 시험문제

전기 기계·기구 설치 시 고려사항 암기방법

1.
(전기 기계·기구의) 충분한 전기적 용량 및 기계적 강도
2.
(습기, 분진 등) 사용장소의 주위 환경
3.
(전기적·기계적) 방호수단의 적정성

★
반시계 방향으로 암기할 것.

☞ 산업안전기사 필답형 2019년 6월 29일 시험문제

전기 절연장갑의 등급별 색상 암기방법

Protective Rubber Equipment Labeling Chart Natural Rubber Electrical Insulating Gloves			
Class Color	Proof Test Voltage AC/DC	Max Use Voltage AC/DC	Insulating Rubber Glove Label
00 Beige	2,500 / 10,000	500 / 750	10 CHANCE ASTM D120 EN 60903 CLASS 00 TYPE I MAX USE VOLT 500V AC
0 Red	5,000 / 20,000	1,000 / 1,500	10 CHANCE ASTM D120 EN 60903 CLASS 0 TYPE I MAX USE VOLT 1000V AC
1 White	10,000 / 40,000	7,500 / 11,250	10 CHANCE ASTM D120 EN 60903 CLASS 1 TYPE I MAX USE VOLT 7500V AC
2 Yellow	20,000 / 50,000	17,000 / 25,500	10 CHANCE ASTM D120 EN 60903 CLASS 2 TYPE I MAX USE VOLT 17000V AC
3 Green	30,000 / 60,000	26,500 / 39,750	10 CHANCE ASTM D120 EN 60903 CLASS 3 TYPE I MAX USE VOLT 26500V AC
4 Orange	40,000 / 70,000	36,000 / 54,000	10 CHANCE ASTM D120 EN 60903 CLASS 4 TYPE I MAX USE VOLT 36000V AC

교류 : Alternating Current(AC)
직류 : Direct Current(DC)

등급		
00등급	00갈	공공갈
0등급	0빨	공빨
1등급	1백	일백
2등급	2황	이황
3등급	3녹	삼녹
4등급	4등	사등

★ 등색(橙色) : 귤껍질의 빛깔과 같이, 붉은빛을 약간 띤 누런색.

산업안전산업기사 작업형 2013년 3회 1부 시험문제
산업안전산업기사 작업형 2015년 3회 1부 시험문제
산업안전기사 필답형 2015년 10월 3일 시험문제

전기 절연장갑의 등급별 최대 사용전압 암기방법

절연장갑의 등급

등 급	최대사용전압		비 고
	교류(V, 실효값)	직류(V)	
00	500	750	
0	1,000	1,500	
1	7,500	11,250	
2	17,000	25,500	
3	26,500	39,750	
4	36,000	54,000	

★ 교류 × 1.5 = 직류

$500 \times 1.5 = 750$

$1000 \times 1.5 = 1500$

$7500 \times 1.5 = 11250$

$17000 \times 1.5 = 25500$

$26500 \times 1.5 = 39750$

$36000 \times 1.5 = 54000$

★ 1번부터 3번까지는 9500을 더해 준다.

$7500 + 9500 = 17000$

$17000 + 9500 = 26500$

$26500 + 9500 = 36000$

ㅈ

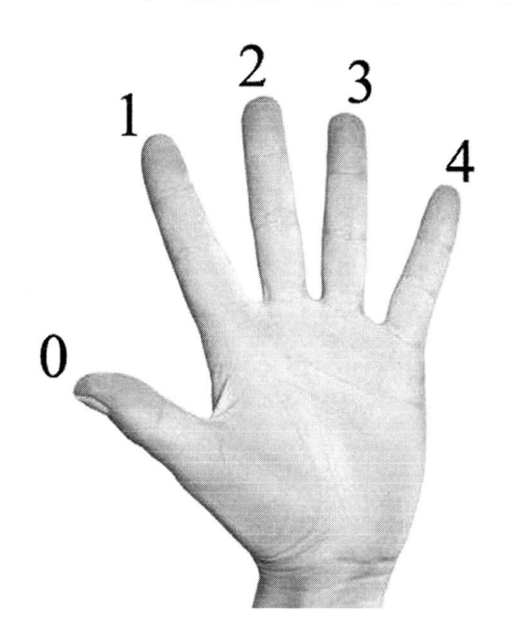

★ 손가락으로도 연상 암기한다.

0(엄지) : 천재(1000)라서 엄지 척!

1(검지) : 칠칠(7500) 맞아서 손가락질한다.

2(중지) : 만만(17000)한 사람한테는 가운뎃손가락 욕한다.

3(약지) : 결혼반지를 꼈다는 이유로(26500).

4(새끼손가락) : 삼육(36000) 대학교는 꼴찌 대학교

(그냥 암기법임)

☞ 산업안전산업기사 작업형 2019년 1회 1부 시험문제

☞ 산업안전기사 필답형 2015년 10월 3일 시험문제

☞ 산업안전기사 필답형 2020년 10월 17일 시험문제

전봇대에서 전기형강 교체작업 시 위험요인 암기방법

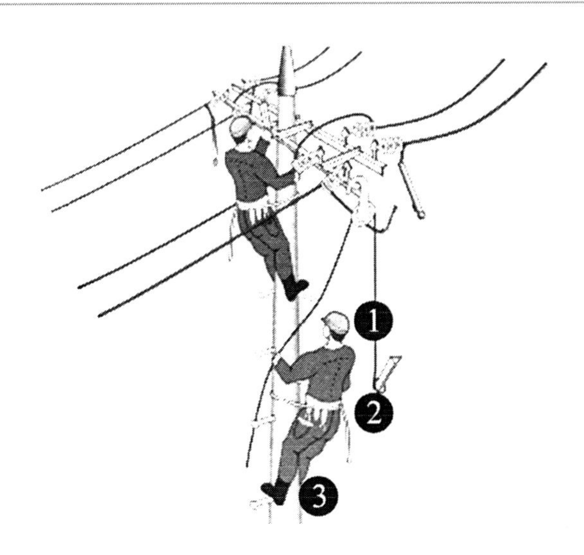

- 문제 :

  화면에서 작업자는 전봇대에서 전기형강 교체작업을 하고 있다.

  [화면 설명 :

  작업자는 담배를 물고, 전봇대의 발판에 서서, 작업을 하고 있다.

  C.O.S(Cut Out Switch)는 발판에 걸쳐져 있다.]

  화면의 작업에서, 위험요인 3가지를 적으시오.

  정답 :

  1. 작업 중 흡연했다.
  2. 작업자가 안전대를 착용하지 않았다.
     (U자걸이용 안전대를 착용해야 한다.)
  3. C.O.S를 발판 옆에 걸쳐 놓아, 오조작할 위험이 있다.

★ 그림이 문제와 다소 다를 수 있음.

★ 오조작(誤操作) : 기계나 전자제품 등을 잘못 조작함.

산업안전기사 작업형 2013년 1회 2부 시험문제

산업안전기사 작업형 2014년 2회 3부 시험문제

전신주의 형강 교체작업(정전 작업) 완료 후, 조치사항 암기방법

1.
작업기구, 단락 접지기구 등을 제거하고,
전기 기기 등이 안전하게 통전될 수 있는지를 확인할 것.
2.
모든 작업자가 작업이 완료된 전기 기기 등에서 떨어져 있는지를 확인할 것.
3.
잠금장치와 꼬리표는 설치한 근로자가 직접 철거할 것.
4.
모든 이상 유무를 확인한 후, 전기 기기 등의 전원을 투입할 것.

★ '통전 → 작업자 → 꼬리표 → 전원' 순으로 암기할 것.
(통 작 표 전)

★ 전신주 = 전봇대
정전 작업 : 전기를 차단하고 하는 작업
형강(形鋼) : 일정한 형상이 있는 강철재.
통전(通電) : 전류가 통함. 전기가 통함.

☞ 산업안전기사 작업형 2013년 1회 2부 시험문제

정규직 근로자와 일용직 근로자의 안전보건 교육시간 암기방법

	채용	변경	특별
정규직 근로자	8	2	16
일용직 근로자	1	1	2

8 - 2 - 16으로 외울 것.
1 - 1 - 2로 외울 것.

★ 채용, 변경, 특별 교육의 순서를 '채 변 특'으로 외울 것.

★ 일용직 근로자의 안전보건 교육시간에는
'채변(採便)'을 하는 '특'별교육을 시킨다.

☞ 산업안전산업기사 필답형 2014년 7월 6일 시험문제
☞ 산업안전산업기사 필답형 2015년 10월 3일 시험문제

정전기 재해 예방대책 암기방법

1. 습기 부여(60~70% 이상 유지)
2. 도전성 재료 사용
3. 대전방지제 사용
4. 접지(도체일 경우)
5. 제전기 사용

★ 정전기 예방에는 '습도대접제'를 사용한다.

★ 도체, 도전성 재료는 보통 '금속'을 말한다.
'제전기(이오나이저)'는 정전기 제거 기계를 말한다.
'대전방지제'는 정전기를 막기 위한 약제이다.

☞ 산업안전기사 필답형 2011년 10월 16일 시험문제
☞ 산업안전기사 필답형 2012년 4월 22일 시험문제

정전작업 시의 안전조치사항

1. 전원을 차단한 후, 각 단로기 등을 개방하고 확인할 것.
2. 차단장치나 단로기 등에 잠금장치 및 꼬리표를 부착할 것.
3. 잔류전하를 완전히 방전시킬 것.
4. 검전기를 이용하여, 작업 대상기기가 충전되었는지를 확인할 것.
5. 단락 접지기구를 이용하여 접지할 것.

★ 암기방법 :
전차(1, 2)를 잔류(3)시킨 다음, 검사(4)한 후 절단(5)했다.

★ 3번은 '남은 전기를 완전히 방출(제거)시킬 것'이라는 뜻이다.

★ '전신주의 형강 교체작업(정전 작업)시의 안전조치'로
문제가 나온 적이 있다.

산업안전산업기사 작업형 2013년 1회 1부 시험문제
산업안전산업기사 작업형 2021년 1회 2부 시험문제

정화통의 유효시간 암기방법

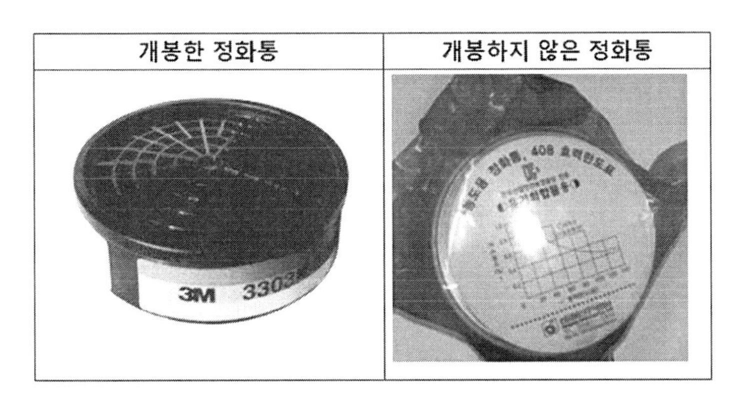

개봉한 정화통
개봉하지 않은 정화통
3M 3303

$$\text{정화통의 유효시간} = \frac{\text{표준 유효시간} \times \text{시험가스 농도}}{\text{작업장 공기 중 유해가스 농도}}$$

★

분자 → 분모 순으로 암기한다.
정화통에 유효시간을 '표 시 (해) 유'

★

파과시간 = 유효시간 = 유효사용 가능시간

★

단위는 '시간'이 아닌 '분'이라는 것에 유의할 것.

- 문제 :
  '시험가스 농도 1.5%에서 표준 유효시간이 80분인 정화통'을
  '유해가스 농도가 0.8%인 작업장'에서 사용할 경우
  유효사용 가능시간을 계산하시오.

  계산 :

  $$\text{정화통의 유효시간} = \frac{80 \times 1.5}{0.8} = 150\text{분}$$

산업안전기사 필답형 2013년 4월 21일 시험문제

조도의 (작업장에 적합한) 기준 암기방법 1

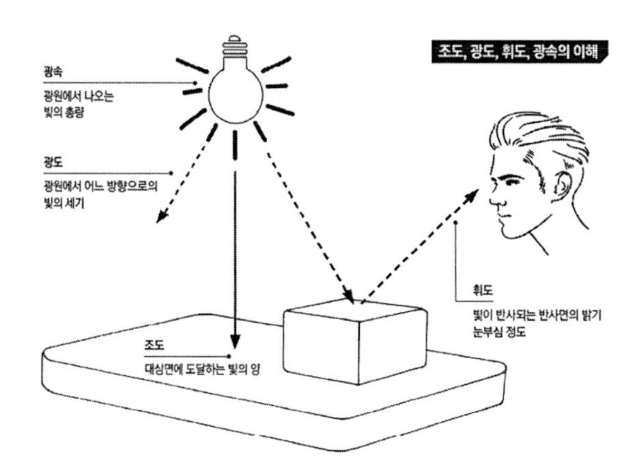

1. 초정밀 작업 : 750 lux(럭스) 이상
2. 정밀 작업 : 300 lux(럭스) 이상
3. 보통 작업 : 150 lux(럭스) 이상
4. 기타 작업 : 75 lux(럭스) 이상

★ 보통 사람의 한 달 월급이 150만 원이라고 암기할 것.
(보통 작업을 기준으로 위아래로 암기할 것)

★ lux는 '룩스'가 아니라 '럭스'가 정확한 표현임.

★ '이상'을 빼먹으면,
주관식 시험 시 반드시 틀리므로 절대 빼먹어서는 안 됨.

★ 초정밀 작업과 기타 작업의 조도는
정확하게 10배 차이가 난다는 것을 기억할 것.

★ 산업안전보건 기준에 관한 규칙에 의한 조도 기준임.

산업안전기사 필답형 2016년 10월 5일 시험문제
산업안전기사 필답형 2021년 4월 25일 시험문제

조도의 (작업장에 적합한) 기준 암기방법 2

1. 초정밀 작업 : 750 lux(럭스) 이상
2. 정밀 작업 : 300 lux(럭스) 이상
3. 보통 작업 : 150 lux(럭스) 이상
4. 기타 작업(그 밖의 작업) : 75 lux(럭스) 이상

암기방법 :

1. 초칠하는 오빠
   [초칠(初漆) : 밑바탕으로 맨 처음에 하는 칠]

2. 세밀한 작업 - 3밀

3. 통일호 - 통15
   (한국의 여객열차)

4. 기타치오 - 기타75
   그렇치오 - 그렇75

중대재해 발생 후, 지방고용 노동관서의 장에게 보고해야 할 사항

1. 발생 개요
2. 피해 상황
3. 조치
4. 전망

★
어떻게 큰 사고가 발생(1)했는지를 먼저 설명한 후,
사망사고가 있는지 피해 상황(2)을 얘기한다.
그다음, 사고에 대한 후속 조치사항(3)을 얘기하고
작업자에 대한 보상이나 정부의 처벌 등을 전망(4)한다.

★

발(1)에 피(2)가 나면,
조전(조문 전보, 3, 4)을 보내라.

★

개요(槪要) : 간결하게 추려낸 주요 내용
지방고용 노동관서의 장 = 해당 노동관서의 장

★

보고 시점 : 지체 없이 보고해야 한다.

★

보고 사항을 다음과 같이 보고할 수 있다.
(암기가 가능하면, 다음과 같이 적어도 된다.)

1. 발생 개요 피해 상황
2. 조치 및 전망
3. 그 밖의 중요한 사항
4. 근로자 대표의 의견

☞ 산업안전산업기사 작업형 2019년 3회 2부 시험문제

☞ 산업안전기사 필답형 2007년 1회차 시험문제

중량물 취급작업 시 작업계획서 포함사항 암기방법

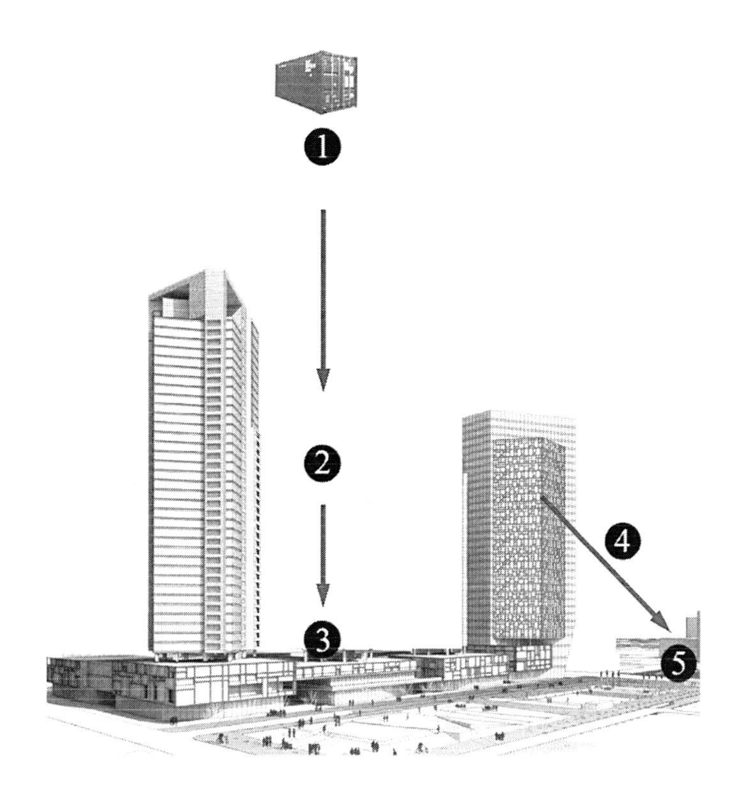

1. 낙하 위험을 예방할 수 있는 안전대책
   (낙하산을 써야 할 만큼 위험한 높이)

2. 추락 위험을 예방할 수 있는 안전대책
   (빌딩에서 떨어질 만큼 위험한 높이)

3. 협착 위험을 예방할 수 있는 안전대책
   (하늘에서 떨어지는 압력 + 땅에서의 충격)

4. 전도 위험을 예방할 수 있는 안전대책
   (빌딩이 넘어질 때의 위험)

5. 붕괴 위험을 예방할 수 있는 안전대책
   (빌딩이 넘어져서 부서질 때의 충격)

★ 중량물을 높은 곳에서 떨어뜨릴 때는
작업 계획서를 매우 정교하게 짜야 한다.

★ '낙 추 협 전 붕'으로도 암기할 것.

★ 낙하 → 낙하산
추락 → 빌딩에서 떨어짐
협착 → 찌그러짐
전도 → 옆으로 넘어짐
붕괴 → 박살 남

☞ 산업안전기사 필답형 2007년 3회차 시험문제
☞ 산업안전기사 필답형 2020년 5월 24일 시험문제

중량물 취급작업 시 작업시작 전 점검사항 암기방법

1.
중량물 취급의 올바른 자세와 복장

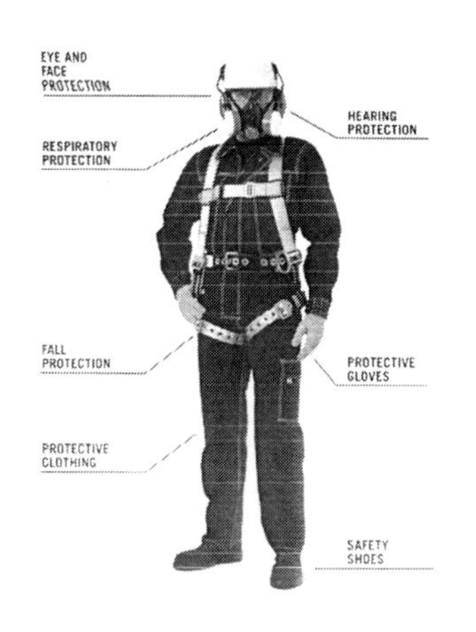

2.
위험물이 날아 흩어짐에 따른
보호구의 착용

3.
카바이드·생석회 등과 같이,
온도 상승이나 습기에 의하여
위험성이 존재하는
중량물의 취급작업

그림 만화로 보는 산업안전보건 기준에 관한 규칙

4.
그 밖의 하역 운반기계 등의 적절한 사용방법

★ 중량물을 취급할 때는 작업시작 전에
중위(1, 2)가 한 번씩 발로 조인트를 깐다(3).
(중 위 카)

★ 카바이드(탄화칼슘), 생석회(산화칼슘)는 물에 닿게 되면,
온도가 급격하게 올라가서 화상을 입기 쉽다.

산업안전기사 필답형 2013년 10월 6일 시험문제
산업안전기사 필답형 2016년 4월 19일 시험문제

증기운 폭발(개방형)과 블레비 현상(폐쇄형)의 차이점

1. 증기운 폭발(VCE, UVCE)

다량의 가연성 가스나 인화성 액체가 외부로 누출될 경우
해당 가스 또는 인화성 액체의 증기가 대기 중의 공기와 혼합하여
폭발성을 가진 증기운(Vapor Cloud)을 형성하고,
이때 점화원에 의해 점화할 경우
화구(Fire ball)를 형성하며 폭발하는 형태를
증기운 폭발(VCE, Vapor Cloud Explosion)
(UVCE, Unconfined Vapor Cloud Explosion)이라고 한다.

증기운 폭발이라는 것은
말 그대로 증기로 된 운(雲)의 폭발을 말한다.
가연성의 혼합가스의 양이 많아 구름의 형태로 존재하는 상태에서
외부 점화원의 존재로 폭발이 발생하는 것이다.
가연성 가스 또는 인화성 액체가 구름의 형태로 존재하기 위해서는
다량의 가연성 가스 또는 인화성 액체가 누출되어야 한다.

증기운 폭발은 주로 화재에 의한 재해 형태를 보이고 있으며,
주변 공정 및 시설물에도 막대한 피해를 준다.
따라서 가연성 가스나 인화성 액체를 다량 취급하는
화학공정이나 가스 저장시설 등은
증기운 폭발이 발생하지 않도록 지속적인 관리가 필요하다.

★ 가스는 구름 형태로 모이더라도 육안으로 보이지는 않는다.
폭발해서 연기가 날 때, 그때 화재 연기를 사람들이 보게 되는 것이다.

2. 비등액체 팽창증기 폭발 (BLEVE, Boiling Liquid Expanding Vapor Explosion)

인화성 액체 또는 액화가스 저장탱크 주변에서 화재가 발생할 경우,
탱크 내부의 기상부가 국부적으로 가열되면
그 부분의 강도가 약해져 결국 탱크가 파열된다.
이때 탱크 내부의 액화된 가스 또는 인화성 액체가
급격히 외부로 유출되며 팽창이 이루어지며,
화구(Fire ball)를 형성하여 폭발하는 형태를
비등액체 팽창증기 폭발
(BLEVE, Boiling Liquid Expanding Vapor Explosion)이라고 한다.

비등액체 팽창증기 폭발이 발생할 경우 누출되는 물질은
공기와 혼합된 상태가 아니기 때문에,
점화가 즉각적으로 이루어지는 경우,
폭발로 인한 영향보다는 화재 및 복사열에 의한 영향이
더 큰 것이 특징이다.

ㅈ

비등액체 팽창 증기폭발이 발생하기 위해서는
인화성 액체 또는 액화가스 등이 밀폐계 내에 존재해야 하며,
일부 불연성 액체에서도 발생할 수 있다.
또한 폭발이 발생하기 위해서는
인화성 액체 또는 액화가스 등이
비점(끓는점) 이상으로 상승하여야 하며,
탱크 강도 이상의 압력상승이 동반되어야 한다.

STEP.2

온도, 압력
상승

온도 상승으로 기화 진행

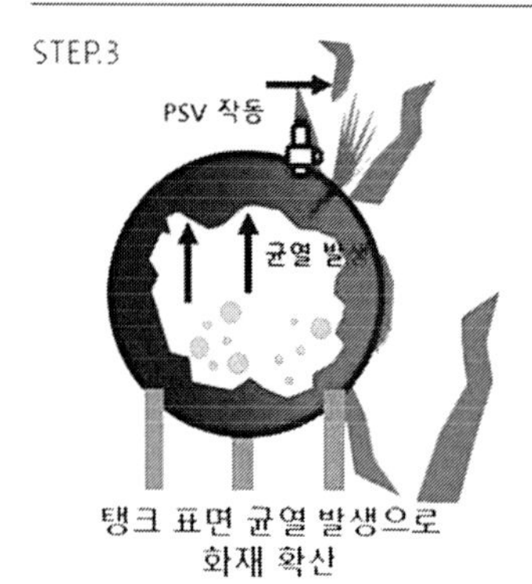

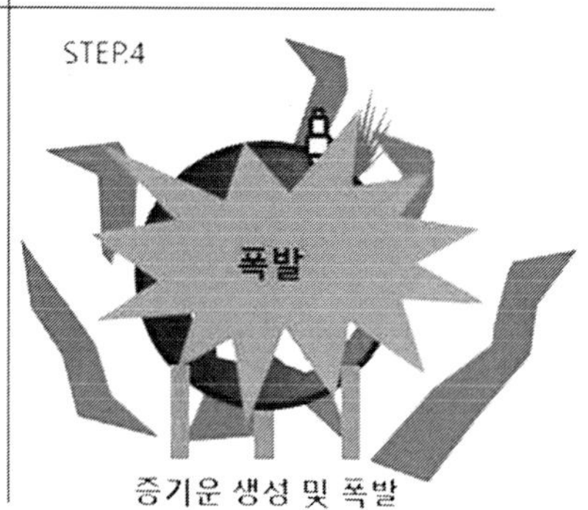

☞ 산업안전산업기사 작업형 2015년 3회 2부 시험문제

☞ 산업안전기사 필답형 2016년 7월 12일 시험문제

☞ 산업안전기사 작업형 2018년 2회 2부 시험문제

지게차 작업 시의 안정도 암기방법

하역 시 전후 안정도 : 4%
하역 시 좌우 안정도 : 6%

주행 시 전후 안정도 : 18%
주행 시 좌우 안정도 : 15+1.1V%
(V : 최고 속도 ㎞/h)

★
"하역 시에는
앞에(전후)
사람(4%) 있는지 잘 봐야."

"하역 다 하면
따뜻한 물에
'좌욕(좌우, 육 → 욕)'을 하고 싶구나."

"야이 18(18%)
주행할 때
앞뒤(전후)를 잘 살피라고 했지?"

★
%가 반드시 들어감에 유의할 것.

ㅈ

지게차의 작업시작 전 점검사항 암기방법

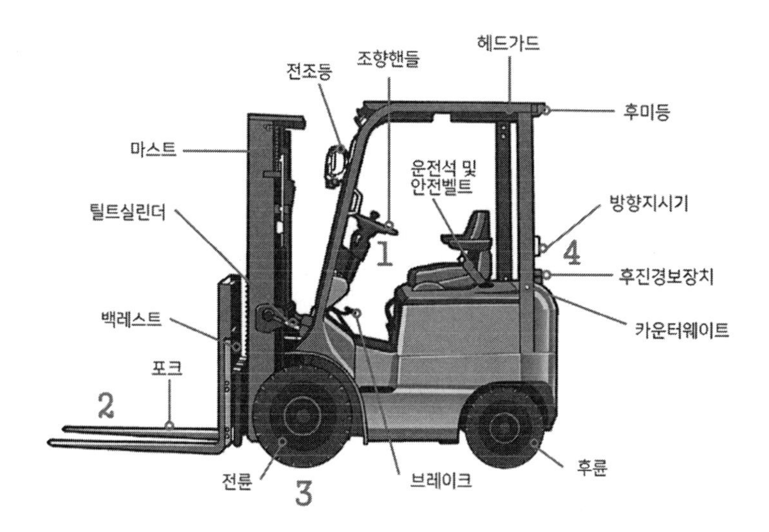

1. 제동장치 및 조종장치 기능의 이상 유무
2. 하역장치 및 유압장치 기능의 이상 유무
3. 바퀴의 이상 유무
4. 전조등, 후미등, 방향 지시기, 경보장치 기능의 이상 유무(전후방경)

★

마름모꼴 형태로 암기할 것.
('제 하 바 전'으로 암기할 것)

★

1번은 '지게차는 제조한다'로 암기할 것.
'지게는 종(머슴)이 메고 간다.' → 조종장치

★

'구내 운반차'는
'경보장치' 대신 '경음기'가 들어간다.
(구내 운반차는 보통 시끄럽다)

★

'화물 자동차'는

'전조등, 후미등, 방향 지시기, 경보장치 기능의 이상 유무'가 생략되어

3가지만 점검한다.

- 산업안전기사 필답형 2017년 7월 13일 시험문제
- 산업안전기사 필답형 2017년 10월 19일 시험문제
- 산업안전기사 작업형 2018년 3회 1부 시험문제
- 산업안전기사 작업형 2020년 1회 1부 시험문제

지게차의 헤드가드 높이 암기방법

그림 만화로 보는 산업안전보건 기준에 관한 규칙

1. 앉아서 조작하는 방식 : 0.903m 이상
2. 서서 조작하는 방식 : 1.88m 이상

★

앉아 있을 때 가장 빛이 나는 대통령은
'김영삼(903)' 대통령이다.

★

지게차를 서서 작업하는 운전자는
팔팔(88)한 젊은 사람들이다.

산업안전기사 필답형 2013년 7월 14일 시험문제

지게차 작업 중 위험 예지 포인트 암기방법

1. 전방시야 불충분으로 지게차와 작업자가 충돌한다.

2. 물건을 과적하여 운전자의 시야를 가려, 지게차와 작업자가 충돌한다.

3. 물건을 불안정하게 적재하여, 화물이 떨어지며 작업자가 다친다.

4. 작업자가 포크에 올라서서 이동하던 중 떨어진다.

★
'전방 → 과적 → 불안정 → 포크' 순으로 암기할 것.
(전 과 불 포)

※ 그림 : 한국산업안전보건공단

★
'지게차 주행작업 중, 우려되는 사고 위험요인'으로
문제가 출제되기도 한다.

☞ 산업안전기사 작업형 2013년 2회 2부 시험문제
☞ 산업안전기사 작업형 2018년 3회 3부 시험문제
☞ 산업안전기사 작업형 2020년 4회 3부 시험문제

'지상높이 31m 이상 건축물' 공사현장의 작업공종별 유해위험방지 계획 작업공종 암기방법

1. 가설 공사
2. 구조물 공사
3. 마감 공사
4. 기계 설비 공사
5. 해체 공사

★ 대형 건축물을 짓기 위해서는
먼저 임시로 '가설공사(거푸집, 1)'를 한다.

그다음 본격적으로
콘크리트 '구조물 공사(2)'를 하고
콘크리트 구조가 대부분 완성되었으면
마지막으로 '마무리 공사(마감 공사, 3)'를 한다.

완성된 콘크리트 건물 안에
전기 '기계설비 공사(4)'를 한다.

기계 설비공사가 끝나면
마지막으로 건물 주변에 설치된 비계 등을 제거하는
'해체공사(5)'를 한다.

★ '가 구 마 기 해'로 암기해도 된다.
(건설공사 유해위험이 있을 때는 가구로 막기도 한다.)

★ 공종(工種) : 공사의 종류

★ 유해위험방지 계획서를 작성하여 제출하고자 할 때 첨부하여야 한다.

산업안전기사 필답형 2012년 7월 8일 시험문제
산업안전기사 필답형 2017년 7월 13일 시험문제

ㅈ

차광 보안경의 렌즈와 플레이트 차이

(a) 렌즈 :
필터 렌즈는 유해광선을 차단하는 원형 또는 변형된 렌즈를 말하며,
커버 렌즈는 필터 렌즈를 보호하기 위한 원형 또는 변형된 렌즈를 말한다.

(b) 플레이트 :
필터 플레이트는 유해광선을 차단하는 직사각형의 플레이트를 말하며,
커버 플레이트는 필터 플레이트를 보호하기 위한 직사각형의 렌즈를 말한다.

용접면

용접작업시 눈과 안면부를 용접광으로부터 보호하기 위해 착용하는 보호구입니다.

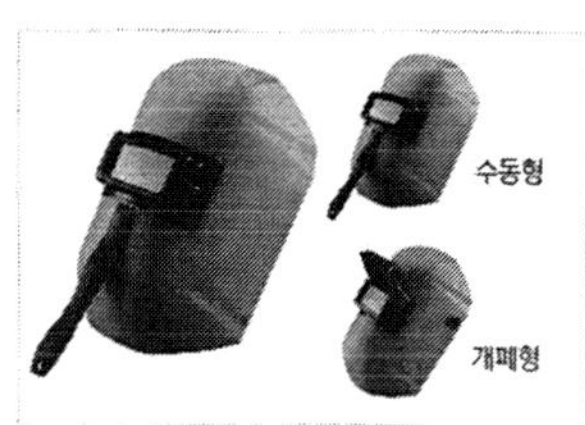

특징

- 경량으로 난연성 재질을 사용한 타입이 많고 손으로 드는 형과 덮어쓰는 형이 있습니다.
- 아크(전기)용접 시에는 눈, 얼굴(피부)을 유해광선으로 지키기 위해 차광 플레이트를 세팅해 사용합니다.

JIS규격에 준거한 차광 플레이트 사이즈(50×105mm)의 플레이트 베이어닛 창이 설치되어 있습니다.
차광 플레이트에 용접의 스패터(불똥)나 오염, 상처가 생기는 것을 막기 위해 커버 플레이트를 차광 플레이트의 외측에 세팅해서 사용합니다.

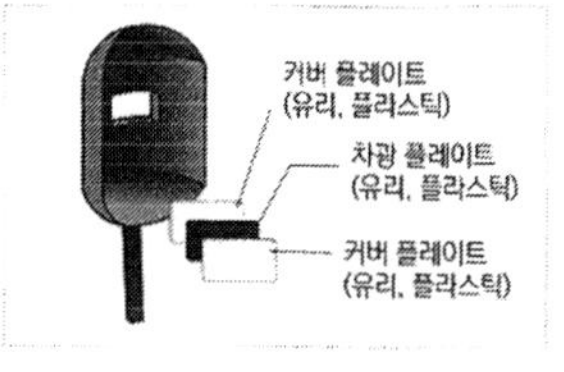

차광 플레이트	커버 플레이트	자동차광 용접면
특징 • 아크용접 작업시에 유해광선에서 눈을 보호하는 차광 플레이트입니다. 손으로 드는 형(수동형)과 덮어쓰는 형(개폐형)의 용접면에 장착해서 사용합니다. • 유리타입은 상처가 잘 생기지 않고 가격이 저렴합니다. • 플라스틱 타입은 깨지지 않고 가볍습니다. • 용접 종류에 따라 차광도 번호를 골라주세요. • 차광 플레이트의 사이즈 JIS규격 표준은 50×105mm입니다.	**특징** • 차광 플레이트의 외측에 장착해서 차광 플레이트에 용접 스패터나 오염에 의해 상처가 생기는 것을 막습니다. 또 차광 플레이트의 내측에도 장착할 수 있어, 보관시 먼지 등이 묻는 것을 박습니다. • 유리타입(투명) 상처가 생기지 않고 비용이 저렴합니다. • 플라스틱타입(투명) 깨지지 않고 가볍습니다.	**특징** • 아크용접작업 시에 눈, 얼굴을 유해광선으로부터 보호합니다. • 작업 전에는 밝고 용접 시에는 순간적으로 차광도가 바뀝니다. • 아크광 발생 전에는 시야가 밝기 때문에 액상 용접면을 부착한 채로 용접 포인트의 확인이 가능합니다. Check Point! • 차광 스피드(초)를 확인해 주세요.

Check Point! _ 필요한 번호의 차광 플레이트(차광도)를 확인해 주세요.

차광 보안경(안전인증 대상)의 '사용 구분'에 따른 종류 암기방법

1. 자외선용
2. 적외선용
3. 복합용
4. 용접용

★

차광 보안경을 사용하려면
자외선(1), 적외선(2)을 차단하는 약을
복용(3, 4)해야 한다.

★

'자율안전 확인대상 보안경'과 혼동해서는 안 된다.
(투명렌즈는 자율안전 확인대상 보안경이다.)

★

차광 보안경의 '주목적'과 혼동해서는 안 된다.

산업안전기사 필답형 2012년 4월 22일 시험문제

차량계 건설기계 작업에서, 작업계획서 작성내용(포함내용) 암기방법

1. 차량계 건설기계의 종류 및 성능
2. 차량계 건설기계의 운행경로
3. 차량계 건설기계에 의한 작업방법

★

건설작업에 사용할 차량계 건설기계는
종류와 성능(1)을 보고 선택한 다음,
건설현장까지 운행경로(2)를 따라 운전하고,
그 차량 건설기계에 알맞은 작업방법(3)을 선택한다.

★

차량계 건설기계는 불도저, 덤프 트럭, 굴삭기 등을 말한다.

★

'차량계 하역 운반기계'가 아님에 유의할 것.

산업안전산업기사 필답형 2018년 10월 6일 시험문제

산업안전산업기사 필답형 2020년 5월 24일 시험문제

차량계 하역 운반기계를 화물 자동차에 싣거나 내리는 작업을 할 때의 준수사항

1.
싣거나 내리는 작업은 평탄하고 견고한 장소에서 할 것.

2.
발판을 사용하는 경우에는
충분한 '길이', '폭' 및 '강도'를 가진 것을 사용하고
적당한 '경사'를 유지하기 위하여 견고하게 설치할 것.

3.
가설대 등을 사용하는 경우에는
충분한 '폭' 및 '강도'와 적당한 '경사'를 확보할 것.

4.
지정 운전자의 성명·연락처 등을 보기 쉬운 곳에 표시하고
지정 운전자 외에는 운전하지 않도록 할 것.

★
'평탄 - 발판 - 가설대 - 지정 운전자' 순으로 암기할 것
(평 발 가 지)

★

차량계 하역 운반기계 = 보통 '지게차'를 말함.

지정 운전자 = 보통 '지게차 기사'를 말함.

★

가설대 : 임시로 설치한 지지대

★

차량계 하역 운반기계를 싣거나 내리는 작업을 할 때,

평탄/견고하지 않은 장소나

발판 상태가 좋지 않은 상태에서 작업하면

큰 사고가 발생할 수 있다.

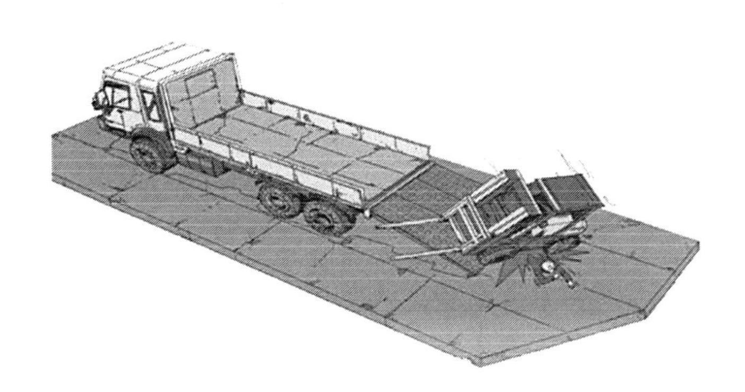

그림 안전닷컴 www.anjeone.com

☞ 산업안전기사 필답형 2022년 1회차 시험문제

차량계 하역 운반기계의 수리·장착·해체작업 시, 작업시작 전 조치사항

그림 : 만화로 보는 산업안전보건 기준에 관한 규칙

1.
작업 순서를 결정하고, 작업 지휘자를 배치한다.

2.
하역 및 유압장치에
'안전 지지대' 또는 '안전 블록' 등을 받쳐 놓는다.

3.
작업시작 전,
하역장치 및 유압장치 기능의 이상 유무를 점검한다.

★
'작업 지휘자 → 안전 블록 → 하역장치' 순으로 암기한다.
(작 안 하)

★
안전 지지대, 안전 블록, 안전 지주는
거의 흡사한 뜻으로
지지하거나 거치하기 위한 안전장치이다.

산업안전산업기사 작업형 2015년 1회 2부 시험문제

산업안전기사 작업형 2014년 2회 2부 시험문제

ㅊ

차량계 하역 운반기계의 수리·장착·해체작업 시, '작업 지휘자' 준수사항

1. 작업 순서를 결정하고, 작업을 지휘할 것.

2. '안전 지지대' 또는 '안전 블록' 등의 사용상황을 점검할 것.

★ '작업 순서 → 안전 블록' 순으로 암기한다.
(작 안)

※ 산업안전기사 작업형 2015년 3회 3부 시험문제

차량계 하역 운반기계 작업 시, 운전자가 운전위치 이탈할 때 안전조치 준수사항

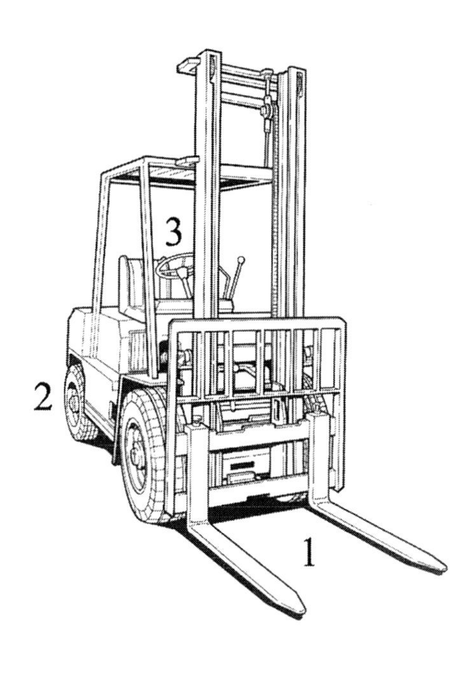

1.
포크, 버킷, 디퍼 등의 장치를
가장 낮은 위치나 지면에 내려 둘 것.

2.
원동기를 정지시키고,
브레이크를 확실하게 거는 등
갑작스러운 주행이나
이탈을 방지하기 위한
조치를 할 것.

3.
운전석을 이탈하는 경우에는
시동키를 운전대에서 분리시킬 것.

★
원동기 : 엔진을 말함.

★
하단부 → 상단부로 연상하면서 암기할 것.
(시계 방향으로 암기할 것)

☞ 산업안전산업기사 필답형 2014년 10월 5일 시험문제
☞ 산업안전산업기사 필답형 2021년 10월 16일 시험문제
☞ 산업안전기사 필답형 2016년 7월 12일 시험문제

ㅊ

최소 산소농도(MOC) 암기방법

1. 프로판(C_3H_8)의 최소 산소농도 : 5

   사우디는 석유 수출대국이지만
   오만은 프로판 가스 수출대국이다.
   (오만 - 5)

2. 부탄(C_4H_{10})의 최소 산소농도 : 6.5

   13일에 금요일 영화에서는 캠프 생활을 할 때
   남자용, 여자용 부탄가스가 2개 필요하다.
   (1개일 때는 6.5)

☞ 산업안전기사 필기 2020년 1~2회 시험문제

충전부분의 감전방지를 위한, 사업주의 방호조치

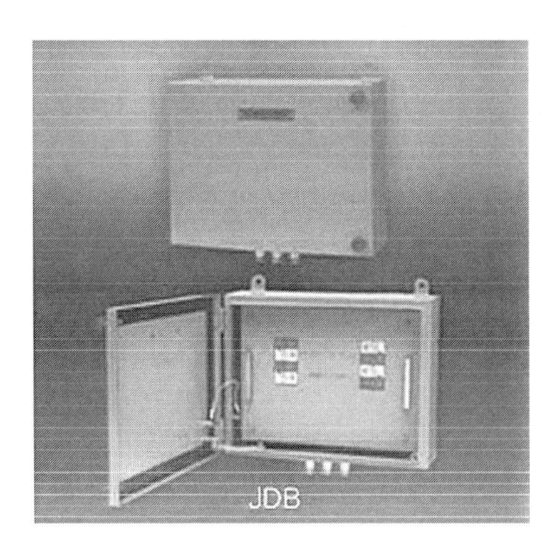

1.
충전부가 노출되지 않도록 폐쇄형 외함이 있는 구조로 할 것.

2.
충전부에 충분한 절연효과가 있는 방호망이나 절연덮개를 설치할 것.

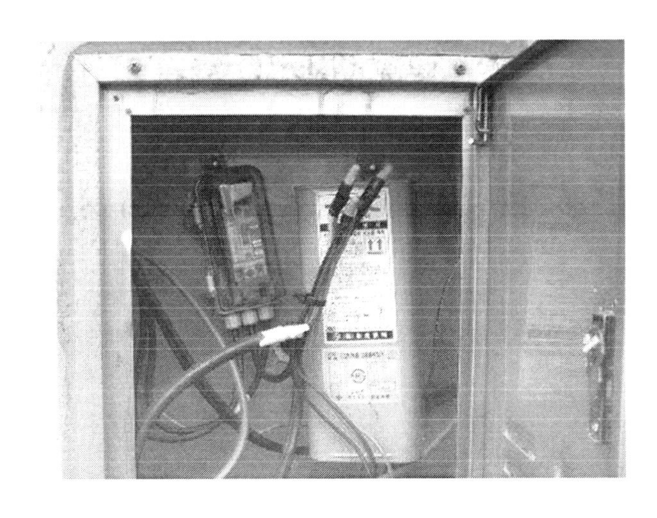

3.
충전부는 내구성이 있는 절연물로 완전히 덮어 감쌀 것.

ㅊ

4.
발전소·변전소 및 개폐소 등 구획되어 있는 장소로서
'관계 근로자가 아닌 사람'의 출입이 금지되는 장소에 충전부를 설치하고,
위험표시 등의 방법으로 방호를 강화할 것.

5.
'전주 위' 및 '철탑 위' 등 격리되어 있는 장소로서,
'관계 근로자가 아닌 사람'이 접근할 우려가 없는 장소에 충전부를 설치할 것.

★
전기 기계기구에 직접 접촉으로 인한, 감전방지 조치를 말한다.

★

폐쇄형 외함 → 절연 덮개 → 절연물 → 구획 장소 → 격리 장소

★

외함(外函) : 내부의 구조물을 둘러싼, 겉의 상자.

구획 장소 : 경계를 지어 가른 구역.

절연 : 전기가 새어나오지 못하게 가두어 두는 것.

충전부(充電部) : 전류가 흐르는 전기장치.

☞ 산업안전기사 필답형 2007년 3회차 시험문제

☞ 산업안전기사 필답형 2021년 5월 7일 시험문제

☞ 산업안전기사 필답형 2022년 1회차 시험문제

 충전 전로(활선 전로) 인근에서, 차량(크레인)/기계장치 작업 시의 안전조치

1.

차량 등을 충전부로부터 300㎝(3m) 이상 이격시키되(떨어뜨리되),

대지전압이 50㎸를 넘는 경우,

10㎸ 증가할 때마다 10㎝씩 증가할 것(떨어뜨릴 것).

ㅊ

2.
접지된 차량 등이 충전 전로와 접촉할 우려가 있는 경우에는
지상의 근로자가 접지점에 접촉하지 않도록 조치할 것.

3.
근로자가 차량과 접촉하지 않도록
울타리를 설치하거나 감시인 배치 등의 조치를 할 것.

★
'충전부 → 접지점 → 울타리' 순으로 암기한다.

★
1번은 300 - 50 - 10 - 10으로 암기할 것.

★

'충전 전로 인근에서 항타기, 항발기 작업 시 감전위험방지를 위한 사업주의 조치사항'도 동일한 문제이다.

항타기

★

'크레인을 이용하여 활선 전로에 인접하여 전주 세우기 작업을 하던 중, 크레인이 전로에 접촉하며 운전자가 감전을 당하는 재해가 발생하였다. 동종 재해를 방지하기 위한 관리적 대책은?'도 같은 문제이다.
(전주 = 전신주 = 전봇대)

※ 그림 : 만화로 보는 산업안전보건 기준에 관한 규칙

☞ 산업안전산업기사 작업형 2016년 2회 2부 시험문제
☞ 산업안전산업기사 작업형 2017년 1회 1부 시험문제
☞ 산업안전기사 작업형 2014년 2회 2부 시험문제
☞ 산업안전기사 작업형 2019년 1회 1부 시험문제

충전 전로(활선 전로) 인근에서, 차량(크레인)/기계장치 작업 시의 이격 거리

1. 절연용 방호구를 설치한 경우 :
   절연용 방호구 앞면까지

2. 차량의 버킷이나 끝부분이 절연되어 있고, 유자격자가 작업하는 경우 :
   접근 한계 거리까지

☞ 산업안전기사 작업형 2014년 2회 2부 시험문제

☞ 산업안전기사 작업형 2019년 1회 1부 시험문제

충전 전로 활선작업에서의 잠재 위험요인 암기방법

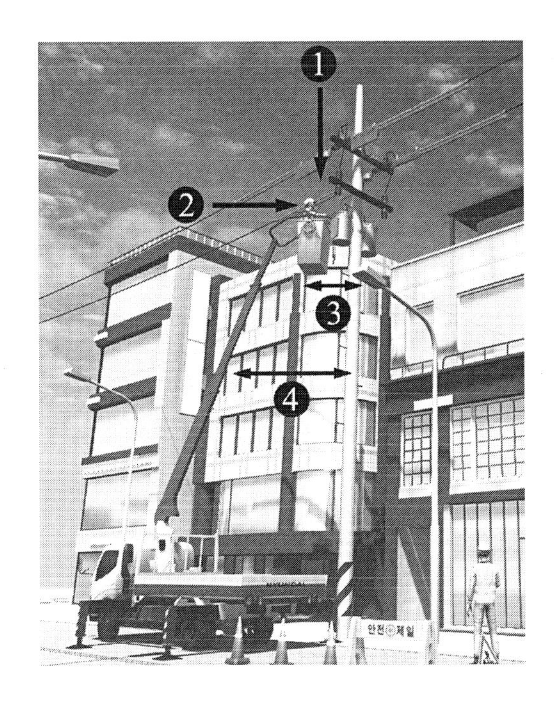

- 문제 :

  작업자는 고압의 전기가 흐르는 충전 전로에서 작업을 하고 있다.
  화면과 같은 활선작업에서의 잠재 위험요인 2가지를 적으시오.

  정답 :

  1.
  활선 작업용 기구 및 장치를 사용하지 않아, 감전의 위험이 있다.

  2.
  작업자가 절연용 보호구를 착용하지 않아, 감전의 위험이 있다.

  3.
  작업자가 접근 한계 거리를 준수하지 않고,
  충전 전로에 접근하여, 감전의 위험이 있다.

  4.
  크레인이 이격 거리를 준수하지 않아, 감전의 위험이 있다.

★

'활선 → 보호구 → 한계 거리 → 이격 거리' 순으로 암기할 것.

★

충전 전로 : 전기가 통하는 전선로, 전신주(전봇대)

활선 : 전기가 통하는 전선

접근 한계 거리 : 사람이 더 이상 접근하면 안 되는 거리

이격 거리 : 떨어져 있는 거리, 띄워 놓은 거리

★

다음과 같이 문제가 나올 수도 있다.

'2명의 작업자가 전신주에서 작업을 하고 있다.
작업자 1명은 아래에서 절연용 방호구를 올리고 있으며,
다른 작업자는 크레인에서
절연용 방호구를 받아 설치하는 작업을 하던 중,
감전사고가 발생하였다.
다음과 같은 활선작업 시, 내재되어 있는 핵심 위험요인을 적으시오.'

산업안전기사 작업형 2013년 1회 1부 시험문제
산업안전기사 작업형 2014년 3회 1부 시험문제
산업안전기사 작업형 2018년 2회 2부 시험문제
산업안전기사 작업형 2018년 3회 1부 시험문제

컨베이어의 방호장치 암기방법

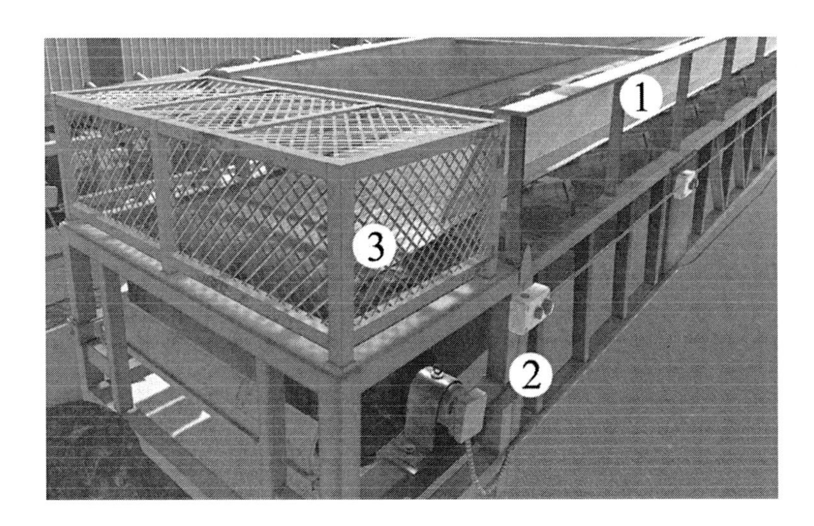

1. 이탈 등의 방지장치
2. 비상 정지장치
3. 덮개, 울

★

울은 울타리, 방책을 의미한다.

☞ 산업안전산업기사 작업형 2015년 2회 2부 시험문제

☞ 산업안전산업기사 작업형 2020년 4회 3부 시험문제

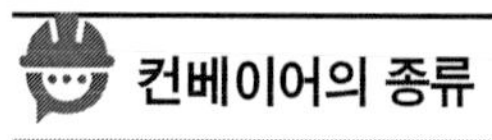

컨베이어의 종류

1. **트롤리 컨베이어** : 일정거리 사이를 연속적으로 운반.

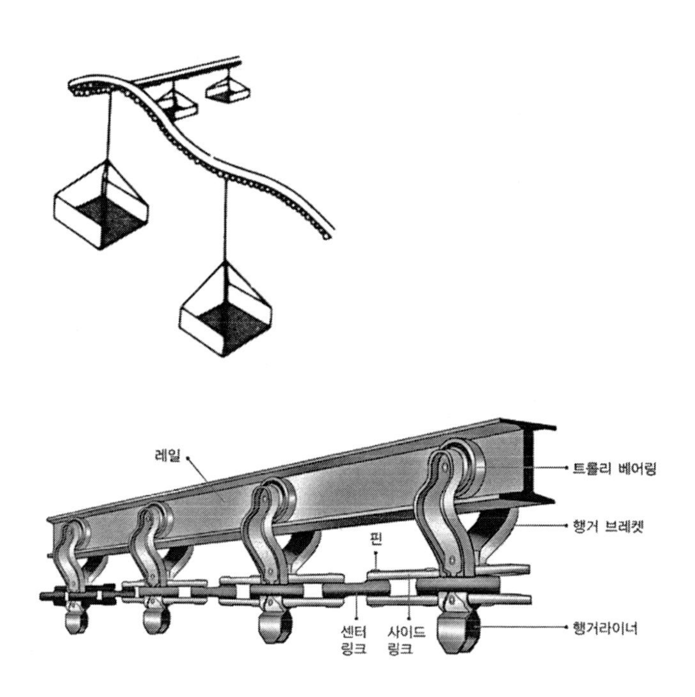

2. **포터블 컨베이어** : 주로 제품의 상하차에 사용.

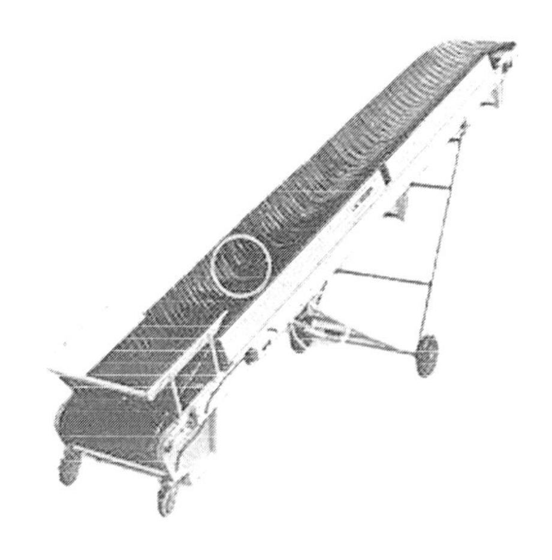

3. 체인 컨베이어, 에프런 컨베이어, 에이프런 컨베이어

ㅋ

컨베이어의 작업시작 전 점검사항 암기방법

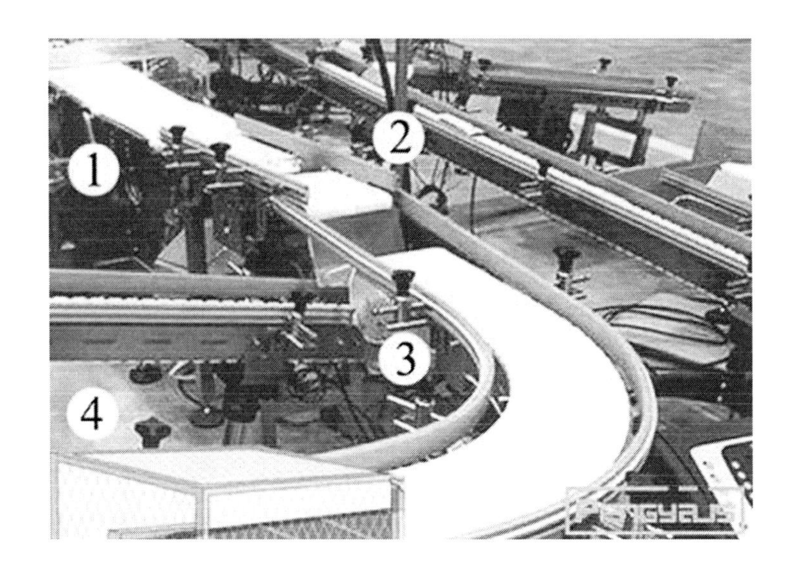

1. '원동기 및 풀리' 기능의 이상 유무
2. 이탈 등 방지장치 기능의 이상 유무
3. 비상 정지장치 기능의 이상 유무
4. '원동기, 회전축, 기어, 풀리' 등의 '덮개, 울' 등의 이상 유무

★

전부 '이상 유무'로 끝난다.

★

1번은 중간이 빠져서 '원 풀'로만 나옴.
4번은 '원 회 기 풀'로 암기할 것.
(한 번만 자랐다가 죽는 풀)

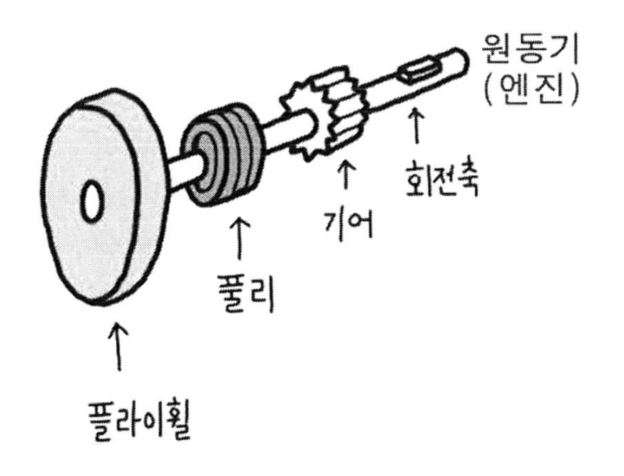

그림 오이행의 관심만땅 창고 블로그

★

풀리, 벨트 풀리(belt pulley) :

벨트 전동(傳動, 동력 전달)을 위하여 축에 끼우는, 나무나 주철로 만든 바퀴.

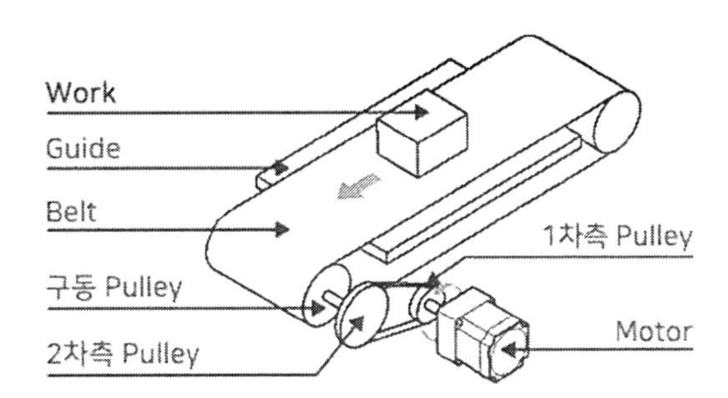

☞ 산업안전산업기사 작업형 2014년 3회 1부 시험문제

☞ 산업안전기사 필답형 2014년 7월 6일 시험문제

☞ 산업안전기사 작업형 2013년 1회 1부 시험문제

☞ 산업안전기사 작업형 2014년 2회 3부 시험문제

컴퓨터 단말기(VDT) 작업 시 옳지 못한 포인트 암기방법

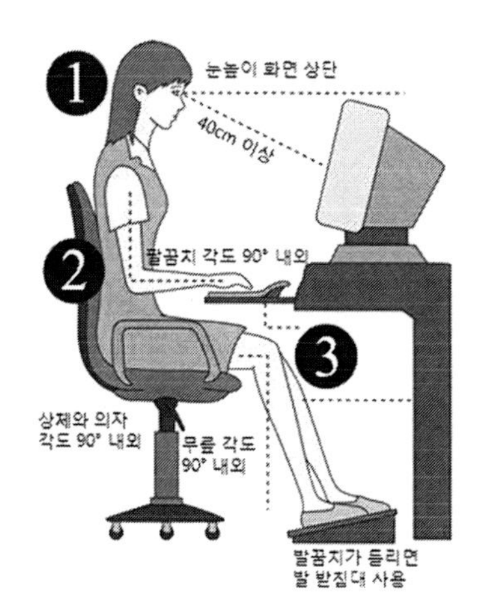

1. 모니터 위치 불량 :

   모니터를 보기 편한 위치로 조정할 것.
   (시선 : 수평면 아래 10~15°)

2. 키보드 위치 불량 :

   키보드를 조작하기 쉽게 조정할 것.
   (위팔과 아래팔의 각도 : 90° 이상)

3. 앉은 자세 불량 :

   의자 안쪽 깊숙이 앉을 것.
   (무릎의 각도 : 90° 정도)

★ 위 → 아래 순으로 암기한다.
(모 키 자)

★ '10 - 90 - 90'으로 암기할 것.
('이상'이 들어가는 것은 2번뿐이다.)

산업안전산업기사 작업형 2016년 1회 1부 시험문제
산업안전기사 작업형 2017년 2회 1부 시험문제
산업안전기사 작업형 2019년 1회 1부 시험문제

콘크리트 옹벽(or 흙막이 지보공)의 안정성 검토사항 암기방법

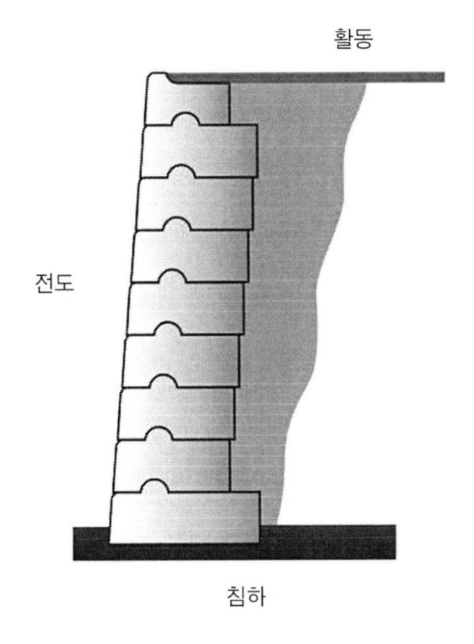

1. 전도(넘어짐)에 대한 안정
2. 활동에 대한 안정
3. 침하(가라앉음)에 대한 안정

★
시계 방향으로 외울 것.

★
전도(1) 활동(2)을 하다가
학교 성적이 침체(3)되었다.

산업안전산업기사 필답형 2019년 6월 29일 시험문제
산업안전기사 필답형 2014년 10월 5일 시험문제

콘크리트 타설작업 시 안전을 위한 준수사항 암기방법

1.
당일 작업을 시작하기 전,
'거푸집 동바리 등의 변형, 변위' 및 '지반의 침하 유무'를 점검하고,
이상을 발견했을 때에는 이를 보수할 것.

2.
작업 중에는
'거푸집 동바리 등의 변형, 변위' 및
'지반의 침하 유무'를 점검하는 감시자를 배치하여,
이상을 발견했을 때에는
작업을 중지시키고, 근로자를 대피시킬 것.

3.
타설작업 중에,
'거푸집 붕괴의 위험'이 발생할 우려가 있을 때에는
충분한 보강조치를 할 것.

4.
설계도서상의 콘크리트 양생기간을 준수하여, 거푸집 동바리 등을 해체할 것.

ㅋ

★
점검 → 감시자 → 타설 → 양생
(점 감 타 양)

★
타설(打設) : 거푸집 등에 콘크리트를 부어 넣음.
편심(偏心) : 한쪽으로 치우침.

양생(curing, 養護, 養生) :
콘크리트가 완전히 굳을 때까지 적당한 수분을 유지하고,
충격을 받거나 얼지 않도록 보호하는 일.
설계도서(設計圖書) : 설계한 내용을 써놓은 문서.

★
추가로 하나 더 암기한다.

5.
콘크리트를 타설하는 경우에는
편심이 발생하지 않도록
골고루 분산하여 타설할 것.

☞ 산업안전기사 필답형 2015년 7월 11일 시험문제
☞ 산업안전기사 필답형 2018년 6월 30일 시험문제

콘크리트 펌프카 사용 시 준수사항 암기방법

1.
작업을 시작하기 전에 콘크리트 펌프용 비계를 점검하고,
이상을 발견하였으면 즉시 보수할 것

2.
건축물의 난간 등에서 작업하는 근로자가
호스의 요동·선회로 인하여 추락하는 위험을 방지하기 위하여
안전난간의 설치 등 필요한 조치를 할 것

3.
콘크리트 펌프카의 붐을 조정하는 경우에는
주변 전선 등에 의한 위험을 예방하기 위한 적절한 조치를 할 것

4.
작업 중에 지반의 침하, 아웃트리거의 손상 등에 의하여
콘크리트 펌프카가 넘어질 우려가 있는 경우에는
이를 방지하기 위한 적절한 조치를 할 것

※ 그림 : 만화로 보는 산업안전보건법 시행규칙(출처 : 안전보건공단)

'비계 → 안전난간 → 주변전선 → 지반 침하' 순으로 암기할 것.

★

선회(旋回) :

1. 둘레를 빙글빙글 돎.
2. 항공기가 곡선을 그리듯 진로를 바꿈.

★

붐(boom) : 긴 막대, 기둥

ㅋ

산업안전산업기사 필답형 2011년 3회차 시험문제

크랭크식 프레스 - 상사점의 상형과 하형 사이의 간격(상하 간의 틈새)

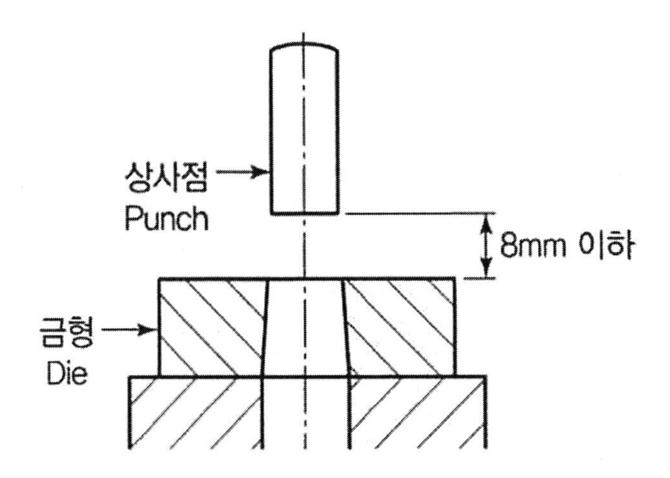

8㎜ 이하(1㎝가 안 됨)로 하여
손가락이 들어가지 않게 한다.

★
상사점 :
피스톤이 가장 높이 올라갔을 때의 위치
(반대말 : 하사점)

☞ 산업안전기사 필기 2016년 1회 시험문제

크레인의 작업시작 전 점검사항 암기방법

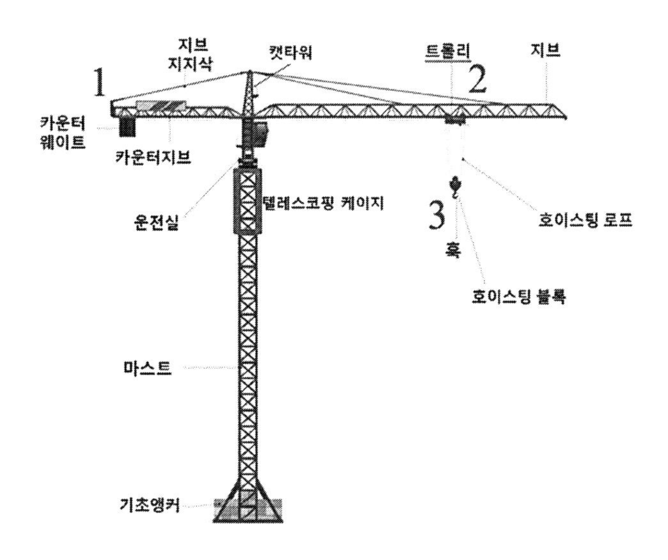

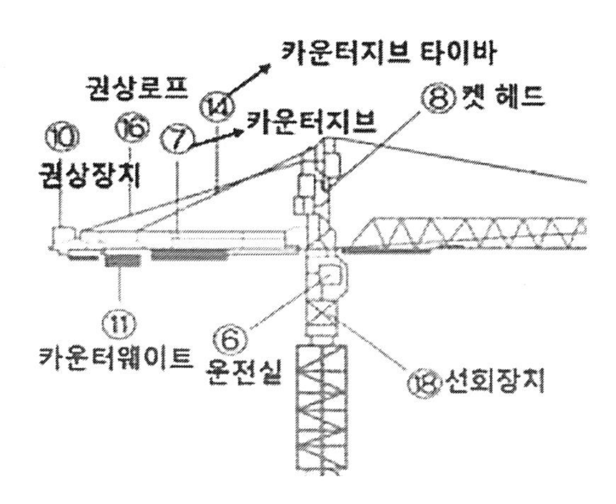

1. 권과 방지장치, 브레이크, 클러치, 운전장치의 기능
2. ‘주행로의 상측’ 및 ‘트롤리가 횡행’하는 레일의 상태
3. 와이어로프가 통하고 있는 곳의 상태

★ 1번은 '권 브 클 운'으로 암기할 것.
'이상 유무'가 아닌 '기능'으로 끝나는 것에 유의할 것.

★ 권과 방지장치 : 과하게 감기는 것을 방지하는 장치
횡행(橫行) : 가로로 이동함.

★ 크레인 : 크게 될 운이 있으므로 '운전장치'
이동식 크레인 : 크레인 다음 2조이므로 '조정장치'

☞ 산업안전산업기사 필답형 2019년 4월 13일 시험문제
☞ 산업안전기사 필답형 2015년 4월 18일 시험문제
☞ 산업안전기사 필답형 2018년 6월 30일 시험문제
☞ 산업안전기사 필답형 2021년 7월 10일 시험문제

크롬 도금 공정 중에 도금의 상태

- 문제 :
  작업자는 크롬 도금 공정 중에 도금의 상태를 검사하고 있다.
  1. 도금조에 적합한 국소 배기장치의 명칭은?
  2. 크롬산 미스트 발생을 억제하는 방법은?
  3. 착용해야 할 보호구(고무장갑, 고무장화 제외)는?

정답 :

1. 국소 배기장치의 명칭 : PUSH-PULL형
2. 크롬산 미스트 발생을 억제하는 방법 :
   크롬 도금조에 '계면 활성제, 소형 플라스틱 볼'을 넣어, 발생을 억제한다.
3. 착용해야 할 보호구 : 방독 마스크, 화학물질용 보호복

★

미스트(mist) : 대기 속에 떠다니는 미립자 가운데 액체로 된 것.
도금조(鍍金槽) : 도금을 할 수 있는 큰 용기.

★

계면 활성제(界面 活性劑) :
극성(친수성) 부분과 무극성(친유성/소수성) 부분을
동시에 가지고 있는 화합물이다.
물과 기름은 본래 잘 섞이지 않아서 경계면을 형성하지만,
계면 활성제가 들어가면 이 경계면이 활성화되어 섞이게 된다.

☞ 산업안전산업기사 작업형 2014년 3회 1부 시험문제

☞ 산업안전산업기사 작업형 2016년 1회 1부 시험문제

☞ 산업안전산업기사 작업형 2018년 1회 2부 시험문제

※ PUSH-PULL형 국소 배기장치

PUSH-PULL형 환기장치 구성

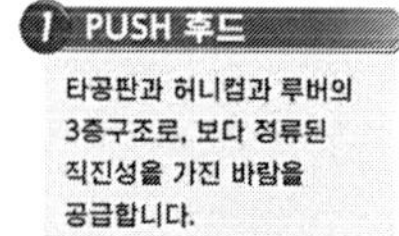

1 PUSH 후드
타공판과 허니컴과 루버의
3중구조로, 보다 정류된
직진성을 가진 바람을
공급합니다.

급기 팬 ❸ ❹ 배기팬 PULL 후드 ❷ ❺ 조작 패널 PUSH 후드 ❶ ❻ 덕트

2 PULL 후드
급기측에서 오는 정류된 바람을 충분한 풍량으로 배기 합니다.

3 급기 팬
자사제 프리미엄 터보팬을 채용하여 덕트의 압손이 있어도 충분한 풍량을 제공합니다.

4 배기 팬
자사제 프리미엄 터보팬을 채용하여 덕트의 압손이 있어도 충분한 풍량을 제공합니다.

5 조작패널
인버터를 탑재, 최소의 전력으로 필요한 풍량으로 조정합니다.

6 덕트
작업성을 고려하여 최적의 배관을 제안해 드립니다.

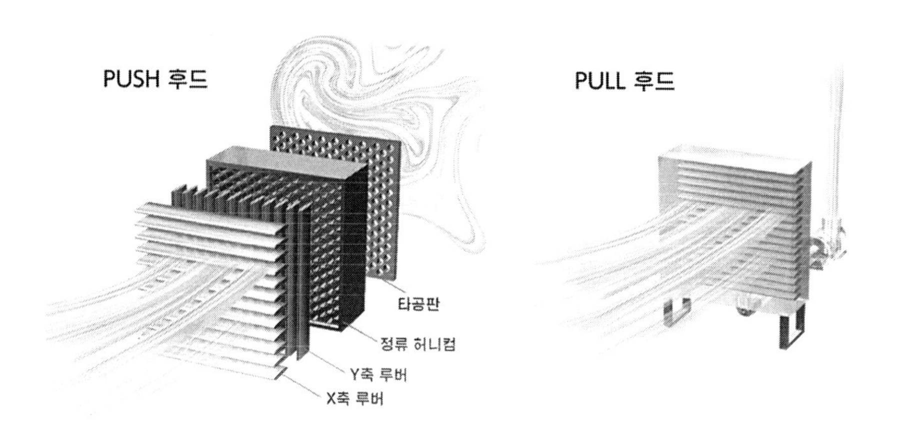

배기방법에 대한 비교

조건 : 발생원에서 후드까지의 거리 1m, 후드 사이즈가 1㎡의 경우

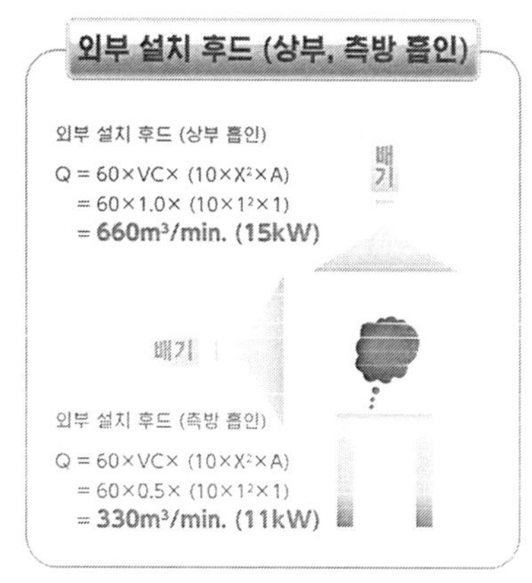

외부 설치 후드 (상부, 측방 흡인)
외부 설치 후드 (상부 흡인)
Q = 60×VC× (10×X²×A)
= 60×1.0× (10×1²×1)
= 660m³/min. (15kW)
배기
배기
외부 설치 후드 (측방 흡인)
Q = 60×VC× (10×X²×A)
= 60×0.5× (10×1²×1)
= 330m³/min. (11kW)

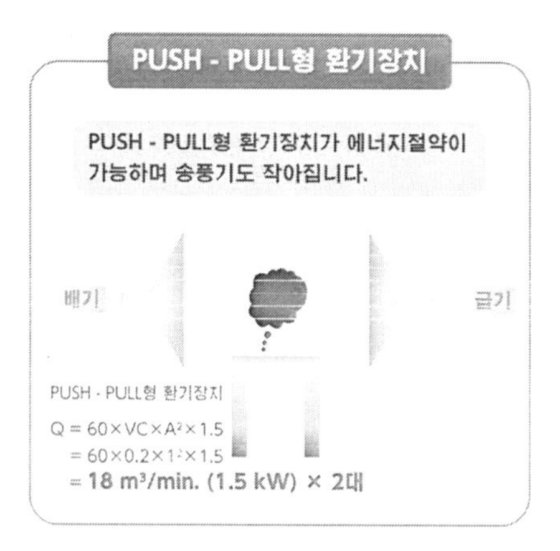

PUSH - PULL형 환기장치
PUSH - PULL형 환기장치가 에너지절약이 가능하며 송풍기도 작아집니다.
배기
급기
PUSH - PULL형 환기장치
Q = 60×VC×A²×1.5
= 60×0.2×1²×1.5
= 18 m³/min. (1.5 kW) × 2대

크롬 도금작업을 할 경우, 안전조치사항 암기방법

한국일보 기사 사진

1. 국소 배기장치를 도금조에 근접하게 설치하고,
   정상작동 여부를 수시로 확인한다.
2. 보호구를 착용하고 작업한다.
   (화학물질용 보호복, 화학물질용 안전화, 화학물질용 안전장갑,
   보안경, 방독 마스크)
3. 젖은 손으로 전기시설 조작을 금지한다.
4. 작업장 바닥은 불침투성 재료를 사용하고,
   누출된 도금액은 즉시 세척한다.

★ 도금조(鍍金槽) : 도금에 쓰이는 큰 통.

★ 보호구는 '화학물질용'으로 통일한다.

★ 불침투성 재료 : 방수 콘크리트, 차수 비닐, PE-FRP

산업안전기사 작업형 2018년 2회 시험문제

타워 크레인을 설치·조립·해체작업 시 작업 계획서의 내용 암기방법

1. 타워 크레인의 종류 및 형식
2. 설치·조립 및 해체순서
3. 지지방법

작업에 들어가기 전에, 먼저 타워 크레인의 종류와 형식을 선택한다.
(T형, L형, 고정형, 상승형, 주행형)
그다음 실제 작업에 들어가서, 설치/조립/해체 작업을 한다.
그다음 완성하고 난 후,
조립한 타워 크레인을 어떤 식으로 지지할 것인가를 선정한다.
(와이어로프로 지지할 것인가, 빌딩 옆에 지지할 것인가)

가운데 항목이 문제와 동일함을 기억하면서 암기한다.

★

위의 3개를 암기하고, 여유로 암기할 수 있으면 나머지 2개를 암기한다.

4. 작업도구·장비·가설설비 및 방호설비
5. 작업인원의 구성 및 작업 근로자의 역할범위

☞ 산업안전기사 필답형 2022년 1회차 시험문제

타워 크레인의 악천후 시 조치 암기방법

1.
순간 풍속이 초당 10m 초과 : 설치, 수리, 점검, 해체작업 중지
2.
순간 풍속이 초당 15m 초과 : 운전작업 중지
3.
순간 풍속이 초당 35m 초과 : 건설작업용 리프트, 승강기

★
타워 크레인으로
10원짜리 안에 있는 다보탑을 설치하거나, 해체한다.

★
'십오(15)야'에는 어두워서 운전작업을 중지한다.

★
십오야(十五夜) :
음력 보름날 밤. 특히 음력 8월 보름을 이른다.

★

'리프트, 승강기'라는 말이 나오면
'35m 초과'라고 생각하면 된다.
(가장 강한 바람으로 리프트, 승강기 위협)

★

초당 35m는 가장 빠르므로
언제나 '승리'한다.

★

나머지는 무조건
'30m 초과'라고 생각하면 된다.

★

타워 크레인 악천후는
오로지 '초당, 초과'로만 구성되어 있다.
('초과'는 주로 부정적인 상황에 쓰임)

☞ 산업안전기사 필답형 2011년 7월 24일 시험문제

☞ 산업안전기사 작업형 2018년 3회 3부 시험문제

탁상용 연삭기를 이용한 연마작업 시 위험요인 암기방법

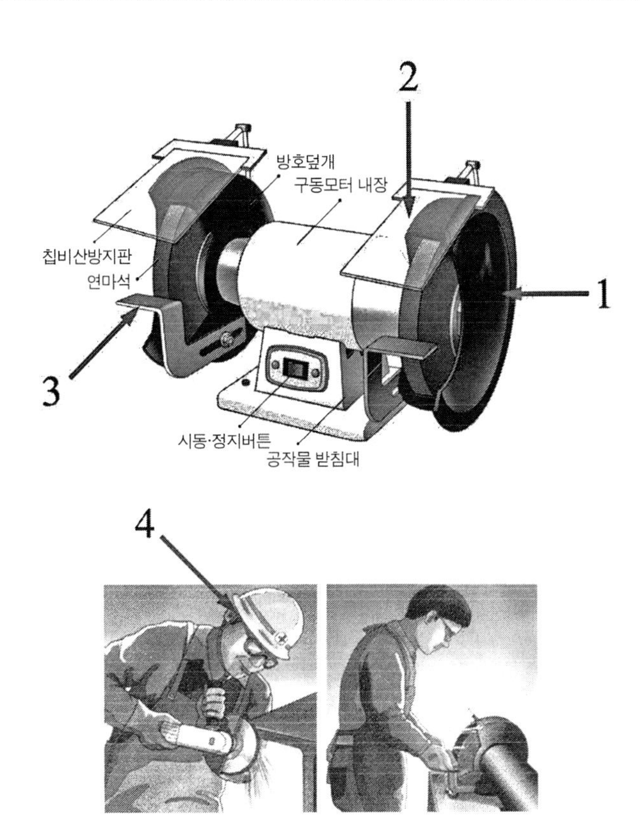

1. 연삭기에 덮개를 설치하지 않았다.
2. 투명비산 방지판을 설치하지 않았다.
3. 워크레스트(작업대, 받침대)를 설치하지 않았다.
4. 보안경을 착용하지 않았다.

산업안전산업기사 작업형 2018년 3회 2부 시험문제

터널 건설작업 시 낙반 위험이 있을 때 위험방지 조치사항

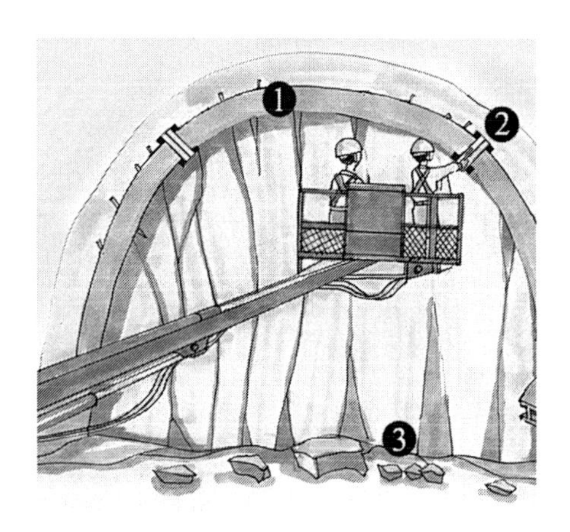

1. 터널 지보공 설치

2. 록볼트 설치

3. 부석의 제거

★ 털어(터러) 버려라. ('터 록 부'로도 암기할 것)

★ '2가지만 적으시오' 할 때는 '터널 지보공 및 록볼트의 설치'로 합친다.

★ 낙반(落磐/落盤) : 떨어지는 암석, 떨어진 암석

★ 부석(浮石) : 작업 중 떨어질 수 있는 돌, 작업 중 상해를 줄 수 있는 돌,
터널 굴착면에 박혀 있는 돌.

★ 부석 : 떨어지기 전
낙반 : 떨어지는 중 or 떨어진 후

★ 지보공(支保工) :
땅이나 굴을 팔 때에,
흙이 무너지지 아니하도록 임시로 설치하는 가설 구조물.
(= 동바리, 지지대, 버팀목)

산업안전산업기사 필답형 2018년 10월 6일 시험문제

산업안전기사 작업형 2014년 1회 1부 시험문제

터널의 계측관리 사항(계측방법) 암기방법 - NATM 공법 기준

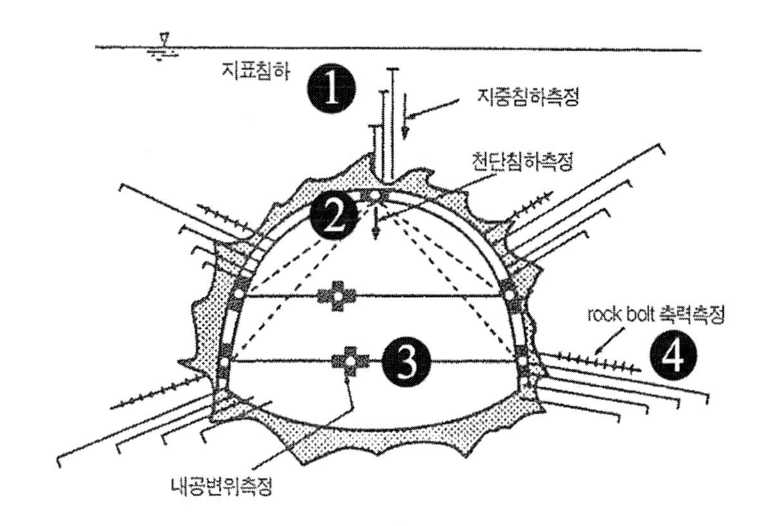

1. 지표침하 및 지중침하 측정
2. 천단침하 측정
3. 내공변위 측정
4. 록볼트 축력 측정

★
천단침하 : 터널 천장 부분이 처지는 정도.
축력(軸力) : 부재(部材)의 단면 중심에서 축 방향으로 작용하는 힘.
록볼트(rock bolt) : 암반(바위) 내에 뚫은 구멍에 꽂아 넣어 사용하는 볼트.

※ 터널공사에 사용되는 계측기의 종류

1. 지표침하 및 지중침하 측정계
2. 천단침하 측정계
3. 내공변위 측정계
4. 록볼트 축력 측정계

산업안전산업기사 필답형 2015년 7월 11일 시험문제
산업안전기사 작업형 2013년 2회 1부 시험문제

통제 표시비(CR비) 쉽게 구하는 방법 1

$$통제\ 표시비(CR비) = \frac{통제기기\ 변위량}{표시장치\ 변위량}$$

- **문제 :**

  표시장치 변위량 : 2㎝

  통제기기 변위량 : 4㎝

  통제 표시비(CR비)는?

  계산 :

  $$통제\ 표시비 = \frac{4}{2} = 2$$

★

분자 → 분모 순으로 '통 표'라고 암기한다.

★

통제 표시비는 단위가 없다.

통제 표시비(CR비) 쉽게 구하는 방법 2

통제 표시비(CR비) =

$$\frac{\frac{\text{각도}}{360} \times 2\pi \times \text{통제기기 변위량}}{\text{표시장치 변위량}}$$

- **문제 :**

  표시장치 변위량 : 2㎝

  통제기기 레버의 반경(반지름) : 10㎝

  움직인 각도 : 20도

  통제 표시비(CR비)는?

  (소수점 둘째 자리까지 구할 것)

  계산 :

  $$\text{통제 표시비} = \frac{\frac{20}{360} \times 2\pi \times 10}{2} = 1.75$$

★

분자 → 분모 순으로 '각 3 2 통 표'라고 암기한다.

ㅌ

통제 표시비(CR비) 쉽게 구하는 방법 3

- **문제 :**

  다음 보기와 같은 조건에서 CR비를 구하고, 설계가 적합한지를 판정하시오. (소수점 둘째 자리까지 구할 것)

  [보기]

  반경 20㎝의 조종구를 20도 움직였을 때,
  표시장치의 커서는 2㎝ 이동하였다.

  계산 :

  1. $CR비 = \dfrac{\dfrac{20}{360} \times 2\pi \times 20}{2} = 3.49$

  2. 부적합
  (최적 CR비는 1.18~2.42 정도이다.)

★
조종구 = 조종장치

☞ 산업안전산업기사 필답형 2013년 7월 14일 시험문제

특수 건강진단 시기 암기방법

1. 벤젠 : 2개월 이내
   ★ '벤투'로 암기할 것.

2. 석면 : 12개월 이내
   ★ 석면(지역)에서는 12·12 사태가 일어났다.

3. 소음 : 12개월 이내
   ★ 시끄러운 소음은 1년 내내 들린다.

특수건강진단의 시기 및 주기(제99조제2항 관련)

구분	대상 유해인자	시기 배치 후 첫 번째 특수 건강진단	주기
1	N,N-디메틸아세트아미드 N,N-디메틸포름아미드	1개월 이내	6개월
2	벤젠	2개월 이내	6개월
3	1,1,2,2-테트라클로로에탄 사염화탄소 아크릴로니트릴 염화비닐	3개월 이내	6개월
4	석면, 면 분진	12개월 이내	12개월
5	광물성 분진 나무 분진 소음 및 충격소음	12개월 이내	24개월
6	제1호부터 제5호까지의 규정의 대상 유해인자를 제외한 별표 12의2의 모든 대상 유해인자	6개월 이내	12개월

E

특수 화학설비의 장치 문제

1. 특수 화학설비 내부의 이상상태를
   조기에 파악하기 위해 설치해야 할 '방호장치' 3가지 적으시오.

   - 계측장치(온도계, 유압계, 압력계)
   - 긴급 차단장치
   - 자동 경보장치
   - 예비 동력원(4개 정답 쓰라고 할 때만)

2. 특수 화학설비 내부의 이상상태를
   조기에 파악하기 위한 '계측장치' 3가지 적으시오.

   - 온도계
   - 유량계
   - 압력계

3. 특수 화학설비 내부의 이상상태를
   조기에 파악하기 위한 '장치' 3가지를 쓰시오.

   - 계측장치(온도계, 유량계, 압력계)
   - 긴급 차단장치
   - 자동 경보장치
   - 예비 동력원(정답 4개 쓰라고 할 때만)

★ 화학 선생님한테 개기는(계기는, 1, 2) 자(3)는
예부터(옛날부터, 4) 이상한 사람이 많았다.
('계 긴 자 예'로도 암기할 것)

★ '온 유 압'으로 암기할 것.

산업안전산업기사 작업형 2013년 3회 1부 시험문제

산업안전기사 작업형 2014년 3회 1부 시험문제

특수 화학설비의 종류 암기방법

1.
가열로 또는 가열기

2.
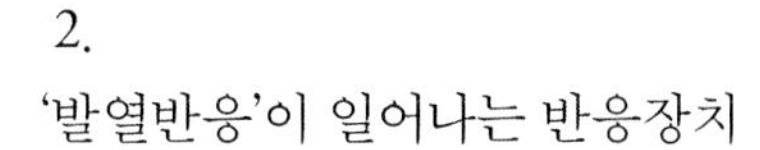
'발열반응'이 일어나는 반응장치

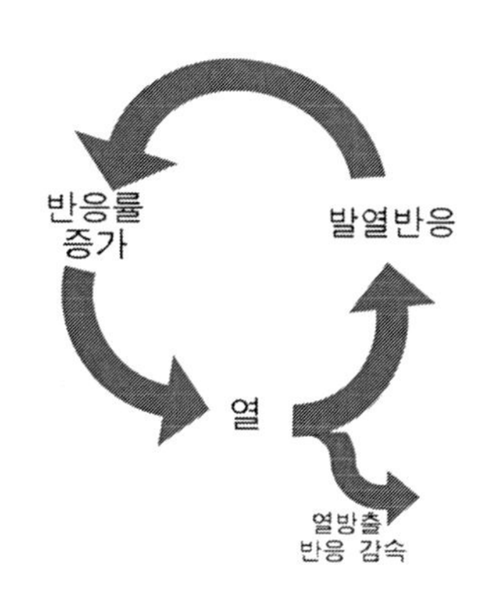

3.
'반응폭주' 등 '이상 화학반응'에 의하여
'위험물질'이 발생할 우려가 있는 설비

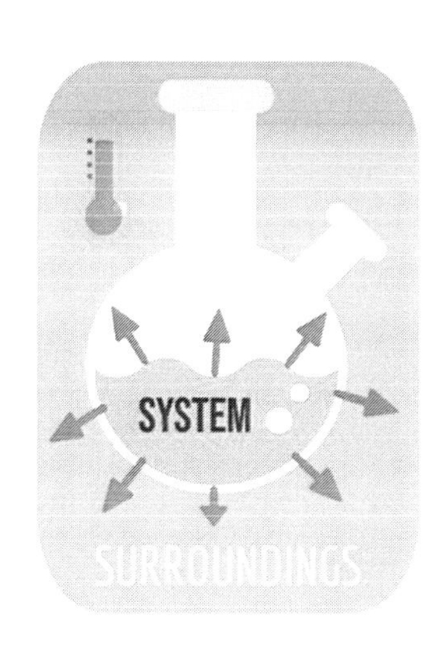

4.
'증류, 정류, 증발, 추출' 등
'분리'를 행하는 장치

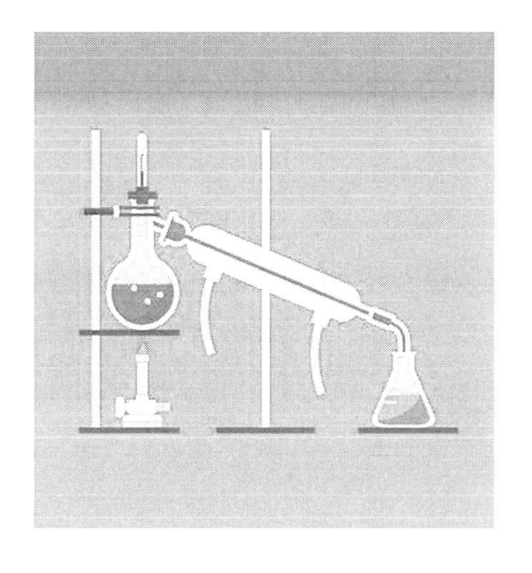

★
특수 화학설비를 이용해서라도 '가발'을 '반'드시 '증'명해라.

★ 정류(精溜) : 용액을 증류하여 각 성분을 분리하는 일.

- **동일한 기출문제 :**
  위험물질을 기준량 이상으로 제조 또는 취급하는 설비로서,
  내부의 이상상태를 조기에 파악하기 위해 필요한
  온도계, 유량계, 압력계 등의 계측장치를 설치하여야 하는
  대상설비를 4가지 적으시오.

☞ 산업안전산업기사 필답형 2014년 4월 20일 시험문제

☞ 산업안전산업기사 필답형 2021년 10월 16일 시험문제

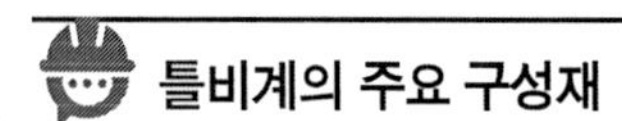

틀비계의 주요 구성재

틀비계의 주요 구성재

기본틀(선틀) (수직용)	비계다리틀 비계다리세움틀	수평틀 (수평용)	수평틀 (비계다리용)
계단	가새	연결핀 (수직조인트)	암 록크 (수직조인트)
잭베이스 (높이조절용)	베이스	보틀	벽이음

틀비계 조립 시의 준수사항

1.
벽이음 간격(조립 간격)은 수직 방향 6m, 수평 방향 8m 이내마다 할 것.

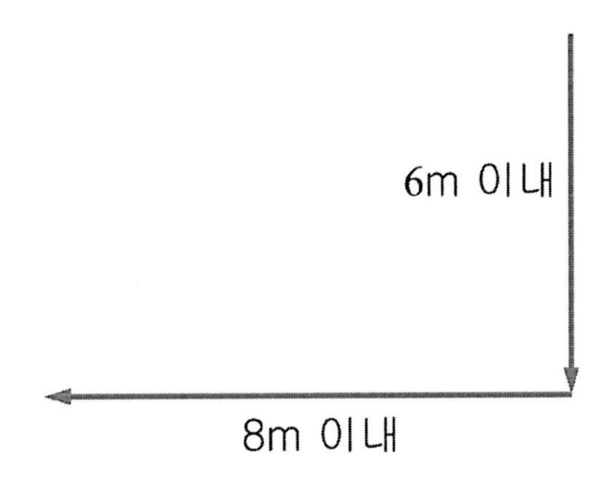

2.
주틀 간에 '교차가새'를 설치하고,
최상층 및 5층 이내마다 '수평재'를 설치할 것.

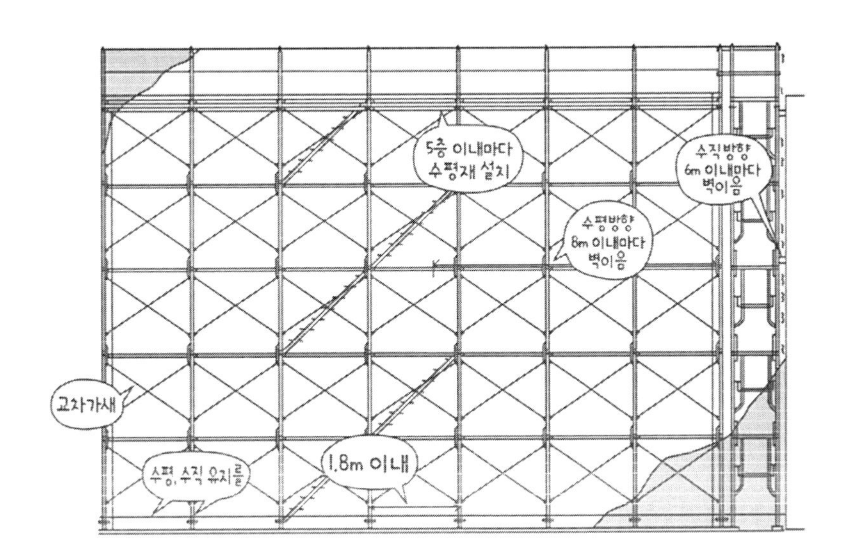

ㅌ

3.
밑둥에는 '밑받침 철물'을 사용하여야 하며,
밑받침에 고저차가 있는 경우에는 '조절형 밑받침 철물'을 사용하여
항상 수평 및 수직을 유지하도록 할 것.

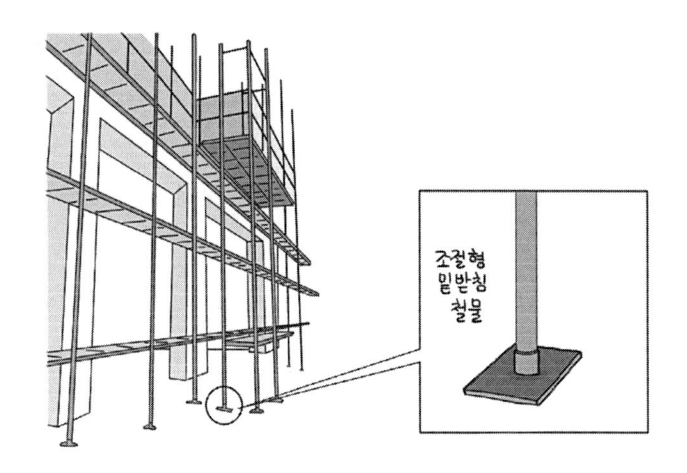

★
통나무 비계는 5.5m, 7.5m이다.
5.5 + 7.5 = 13
13일의 금요일은 한적한 통나무집에서 지낸다.

★
틀비계 = 14(6+8)
통나무 비계보다 1개 더 많다.

※ 그림 : 만화로 보는 산업안전보건 기준에 관한 규칙

☞ 산업안전기사 작업형 2018년 2회 1부 시험문제

파블로프의 조건반사설 학습원리 암기방법

A : 먹이를 주면 침이 나온다.

B : 종소리를 들려 주어도 침은 나오지 않는다.

C : 먹이를 줄 때 종소리를 반복하여 들려 준다.

D : 종소리만 들려 주어도 침을 흘린다.

1. 강도의 원리 : 단단하고 센 정도
2. 일관성의 원리
3. 계속성의 원리
4. 시간의 원리

★

'파블로프'라는 강도(1)는
일관성(2) 있게 계속해서(3) 시계(4)를 훔친다.
(개한테 먹이를 주기 위하여)

★

파블로프는 개한테 먹이를 주기 위해
전자시계 대신
'일강시계'를 손목에 찬다.

산업안전기사 필답형 2011년 10월 16일 시험문제
산업안전기사 필답형 2014년 4월 20일 시험문제

파열판에 '안전인증 표시' 외에, 추가로 표시해야 할 사항 암기방법

KS B ISO 4126-2 과압방지안전장치-파열판

파열판

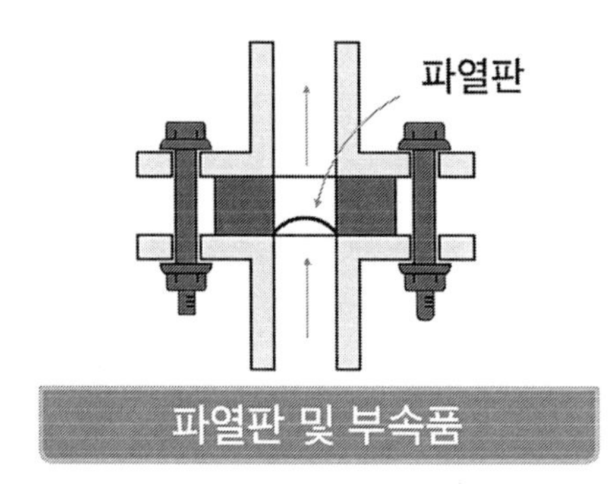

파열판 및 부속품

1. 용도(요구 성능)
2. 파열판의 재질
3. 호칭 지름
4. 유체의 흐름 방향 지시

★

'이소룡'의 '용쟁호투'를 연상하며 암기할 것.
(용 재 호 유)

★

'이소룡'도 허리 파열로 인해, 진통제를 과용하다
뇌와 연결된 혈관 파열로 인한 뇌부종으로 사망했다.

★

파열판(Rupture Disc) :
이상압력으로 상승했을 때 파괴하는 금속판을 사용한 안전장치.

산업안전산업기사 필답형 2020년 11월 29일 시험문제

파열판을 설치해야 하는 이유 암기방법

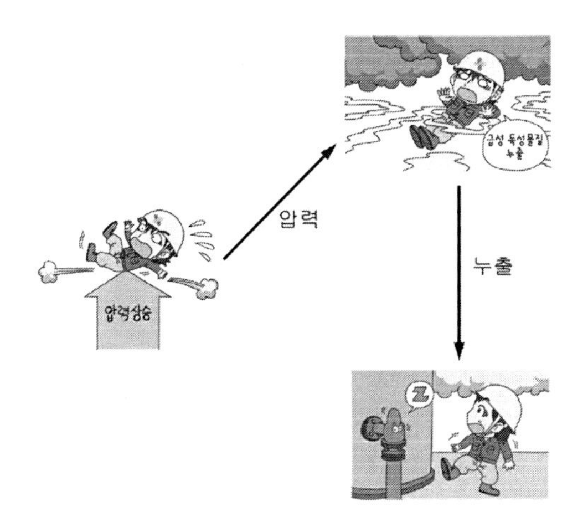

그림 만화로 보는 산업안전보건 기준에 관한 규칙

1. 반응폭주 등 급격한 압력 상승 우려가 있는 경우
2. 급성 독성물질의 누출로 인하여,
   주위의 작업환경을 오염시킬 우려가 있는 경우
3. 운전 중 안전밸브에 이상물질이 누적되어,
   안전밸브가 작동되지 아니할 우려가 있는 경우

★ '파열 반급안'으로 암기할 것.

★ '운전 중'은 보통 '화학설비 운전 중'을 의미한다.

★ 반응폭주로 인해 급성 독성물질이 누출되었고,
누출된 급성 독성물질로 인해 안전밸브에 이상물질이 누적되었다.

산업안전산업기사 필답형 2017년 7월 13일 시험문제
산업안전산업기사 필답형 2019년 4월 13일 시험문제
산업안전기사 필답형 2017년 10월 19일 시험문제
산업안전기사 필답형 2020년 5월 24일 시험문제
산업안전기사 필답형 2020년 11월 29일 시험문제

퍼지작업의 종류 암기방법

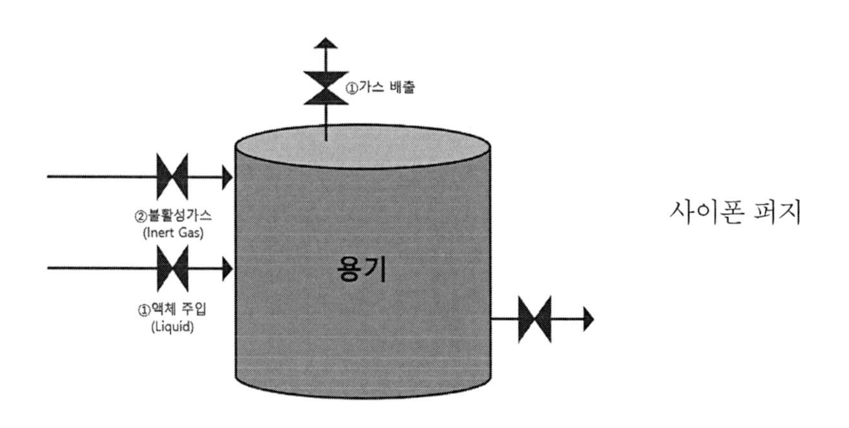

그림 https://hello-onl.tistory.com/179

1. 진공 퍼지
2. 압력 퍼지
3. 스위프 퍼지
4. 사이폰 퍼지

★ 넓게 퍼져 있는 데모대를 진압(1, 2)했더니
스스로(3) 사망(4)했다.

★ 퍼지(Purge) :
연소되지 않은 가연성 가스 혹은 유독성 가스가
공정 안에 차 있는 경우,
근로자들이 안전하게 작업할 수 있도록
가스를 공정 밖으로 배출하기 위하여 환기시키는 것.

☞ 산업안전산업기사 필답형 2017년 10월 19일 시험문제
☞ 산업안전기사 작업형 2018년 2회 2부 시험문제

페인트 도장작업 당시, 보호구 종류와 흡수제 종류 암기방법

1. 보호구 :
   방독 마스크(유기 화합물용)

2. 흡수제 :
   활성탄, 소다다임,
   알칼리제재, 큐프라마이트

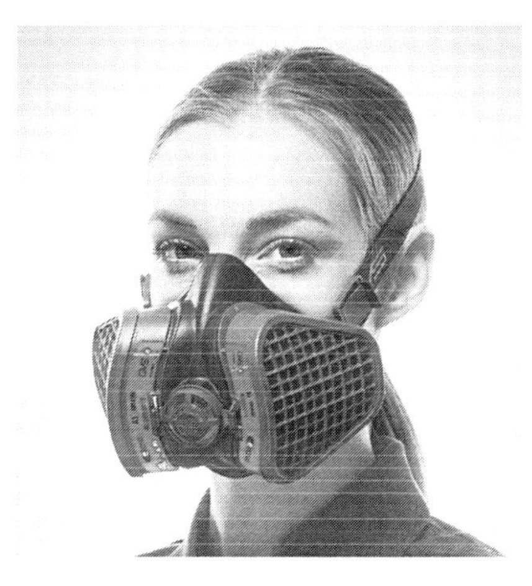

★
방독 마스크를 쓴 젊은 여성이
유성 페인트로
'활'을 '쏘'고,
'알'을 '키'우는 유채화를 그린다.

★
페인트 = 유기 화합물
'알칼리제제'가 아님에 유의할 것.

★
유기 화합물(유기물) : 탄소 포함 화합물
무기 화합물(무기물) : 탄소 비포함 화합물

※ 그림 출처 : 인터넷 쇼핑몰 '옥션'

☞ 산업안전산업기사 작업형 2015년 2회 2부 시험문제

☞ 산업안전산업기사 작업형 2019년 2회 2부 시험문제

☞ 산업안전기사 작업형 2017년 2회 1부 시험문제

프레스 금형 교체작업 시 작업 위험요인

1. 열쇠를 별도로 관리하거나, '작업 중' 표지판을 설치하지 않았다.

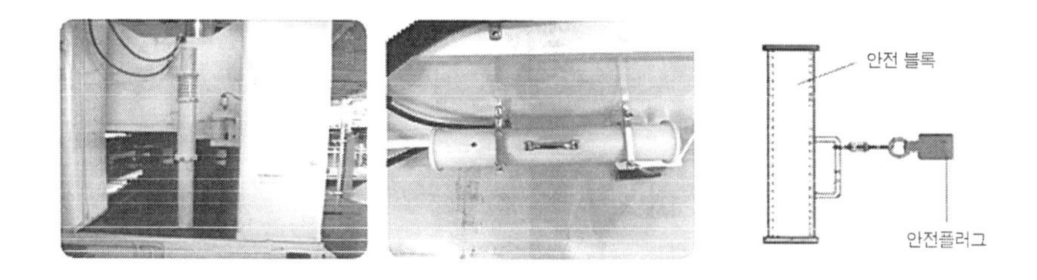

2. 슬라이드 불시하강 방지 목적의 안전 블록을 설치하지 않았다.

3. 금형 사이에 안전망을 설치하지 않았다.

4. 작업자가 안전모, 안전화 등 보호구를 착용하지 않았다.

'표지판 - 안전 블록 - 안전망 - 보호구' 순으로 암기할 것.
(표 안 망 보)

프레스 금형 설치 점검사항 3가지 암기방법

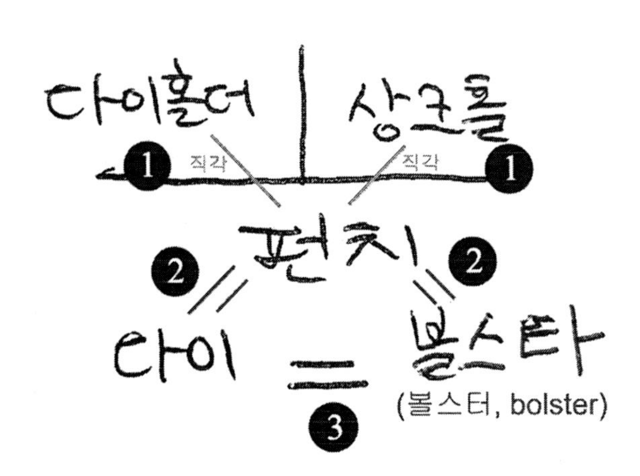

1. 펀치와 다이홀더의 직각도, 펀치와 상크홀의 직각도
2. 펀치와 다이의 평행도, 펀치와 볼스터의 평행도
3. 다이와 볼스터의 평행도

★ (다)(상)(다)(볼)로 암기할 것.

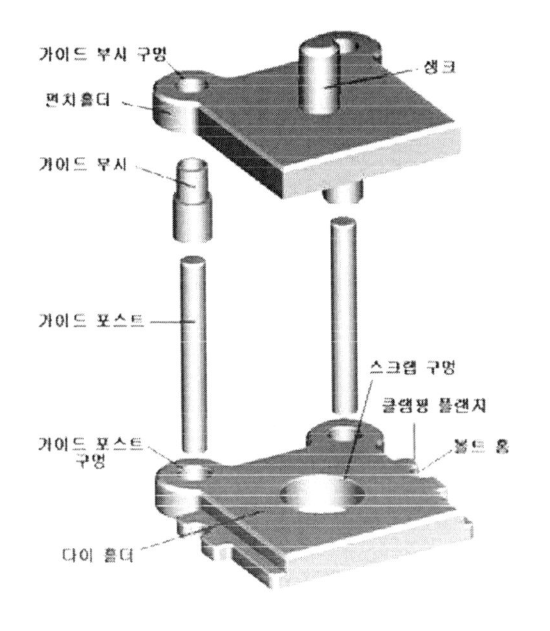

★
bolster [볼스터] :
받침, 베개 받침
shank [상크] : 자루

산업안전기사 작업형 2017년 1회 2부 시험문제

프레스 방호장치의 종류

1. 게이트 가드식
(인터록 구조, 연동 구조)

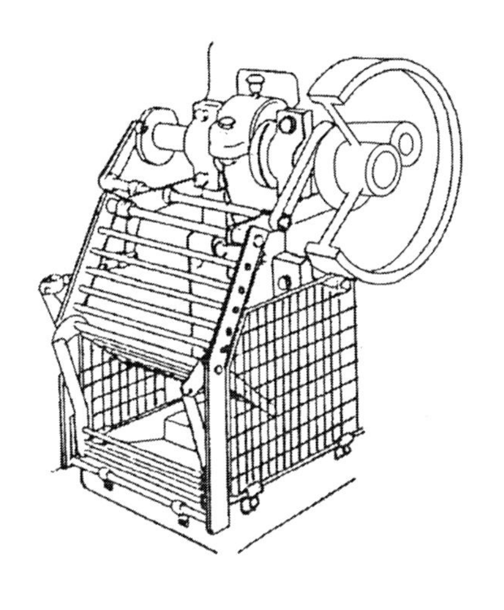

2. 광전자식

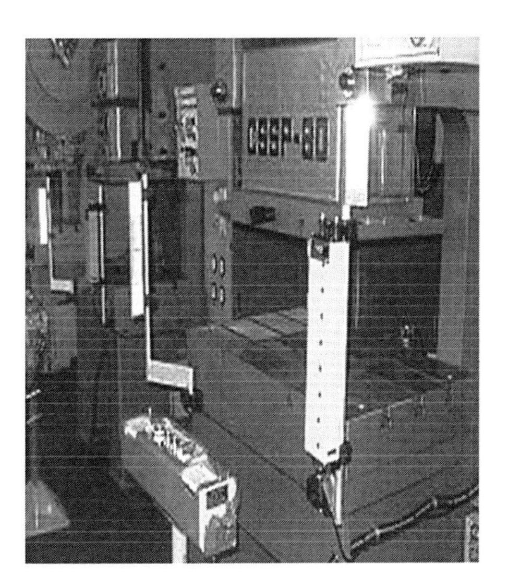

3. 손쳐내기식

4. 수인식

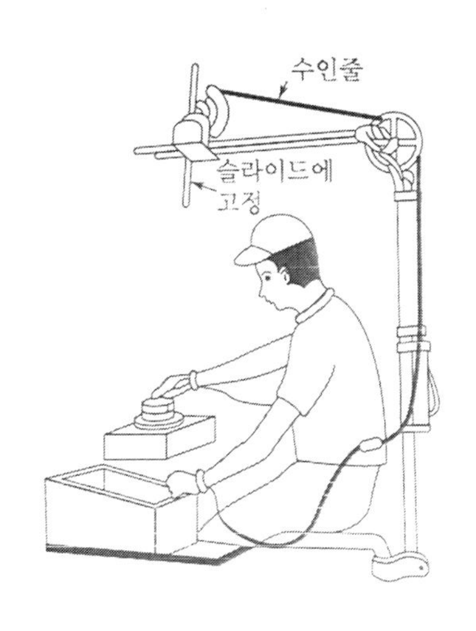

5. 양수조작식(300㎜ 이상, 30㎝ 이상)

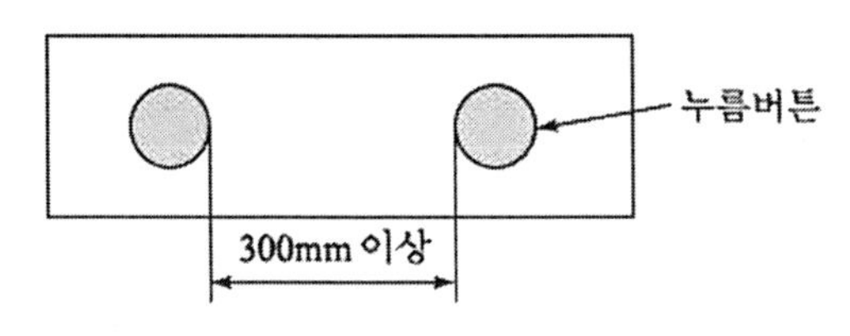

양수조작식 방호장치

6. 양수기동식

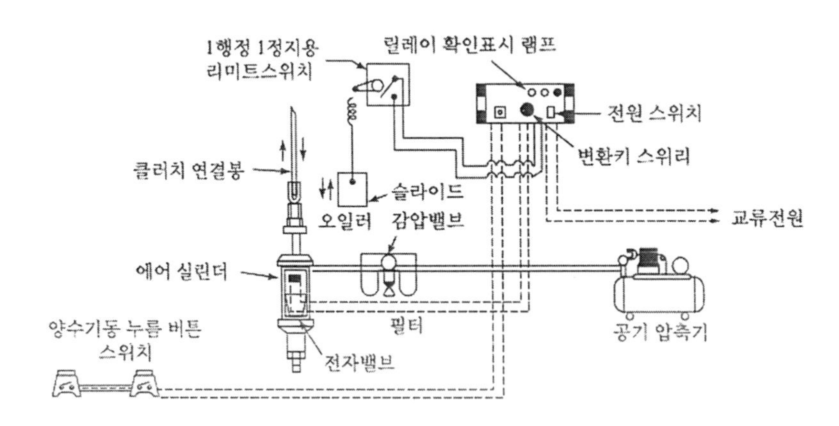

공기 실린더형 양수기동식 방호장치의 제어계통

프레스의 작업시작 전 점검사항 암기방법

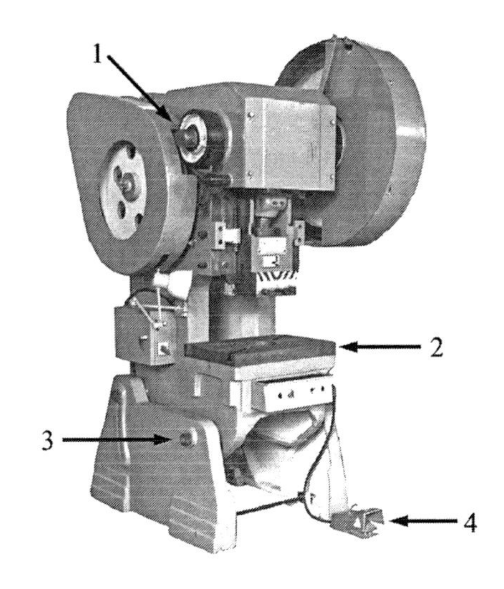

1. 클러치 및 브레이크 기능
2. 전단기 칼날 및 테이블의 상태
3. 프레스의 금형 및 고정볼트 상태
4. 당해 방호장치의 기능

★ 위에서 아래 순으로 암기한다.

★ '기능'과 '상태'를 잘 구별할 것.

★ '크게 전부 풀었다'로 암기할 것.

★ 당해(當該) : 해당
전단기(剪斷機) : 기계의 힘으로 여러가지 금속 재료를 자르는 기계.

산업안전기사 필답형 2020년 10월 17일 시험문제
산업안전기사 작업형 2020년 3회 1부 시험문제

프로판 가스(LPG) 용기 저장소로서, 부적절한 장소 암기방법

1. 통풍, 환기가 불충분한 장소
2. 화기 사용장소 및 그 주변
3. 위험물, 화약류, 가연성 가스 취급장소 및 그 주변

★
'프로들이 판치는 통화 위원회는 위화감(위화가)을 준다.'로 암기할 것.
(통화 = 돈)

★ 프로판 가스
[propane gas, liquefied petroleum gas(LPG), LP gas] :
프로판을 주성분으로 하는 메탄계의 액화 수소가스.
유독한 일산화탄소가 있는 석탄 가스와 달리
중독의 위험이 없어 가정 연료로 많이 쓰나,
공기보다 1.5배 무거워, 새어 나오는 가스에 인화하면 폭발할 위험이 있다.

산업안전산업기사 작업형 2013년 2회 1부 시험문제

피뢰기가 구비해야 할 성능조건 암기방법

1. 반복동작이 가능할 것.
2. 점검, 보수가 간단할 것.
3. 뇌전류의 방전능력이 크고, 속류의 차단이 확실하게 될 것.
4. 구조가 견고하며, 특성이 변하지 않을 것.
5. 충격방전 개시전압과 제한전압이 낮을 것.

★ 반점(1, 2)이 있는 벌레의 뇌 속(3)에 구충제(4, 5)를 넣어라.
(피뢰기에는 벌레가 많다)

★ 전압은 위험하므로 모두 낮게.
뇌는 크게 해야, 머리가 좋음.

★ 뇌전류 : 번개의 전류
속류 : 대지(땅)로 흘러가는 방전 전류

★ 피뢰기 : 전력설비 보호
피뢰침 : 사람, 물체 보호

필러형, 필러선

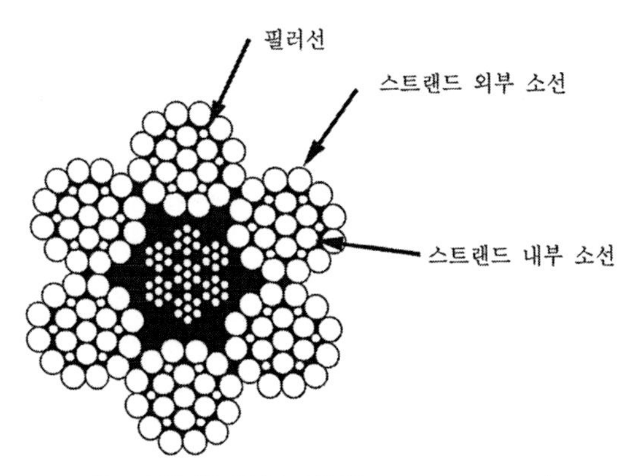

와이어로프 단면 형상(6×25Fi IWRC)

와이어 로프 구성	로프 단면	D/d
19본선 6꼬임		25
24본선 6꼬임		20
37본선 6꼬임		16
필러형 25본선 6꼬임		20
필러형 29본선 6꼬임		16
와링톤 씰형 26본선 6꼬임		16
와링톤 씰형 31본선 6꼬임		16

6 × Fi (24) × IWRC B종 20㎜

6 : rope의 구성(strand 수)

S : 스트랜드형
W : 워링톤형
Fi : 필러형
Ws : 워링톤시일형

24 : strand 구성(소선 수)

IWRC : 심강의 종류
섬유(Fiber)
Wire Strand Core(WSC)
Independent Wire Rope Core(IWRC)

B종 : 종별(소선의 인장강도)
20㎜ : rope diameter

'소선(Wire)'이라 함은
스트랜드를 구성하는 강선, 비도금 소선을 말한다.

'스트랜드(Strand)'라 함은
복수의 소선 등을 꼰 로프의 구성요소, 밧줄 또는 연선을 말한다.

'로프 지름'이라 함은
로프 임의의 단면에서 외접원의 지름을 말한다.

'필러(Filler)선'이라 함은
필러형 로프 스트랜드 안에서
내/외층 소선 사이의 빈틈을 채우고 있는 소선을 말한다.

'하인리히'의 도미노 이론(연쇄성 이론) 5단계 암기방법

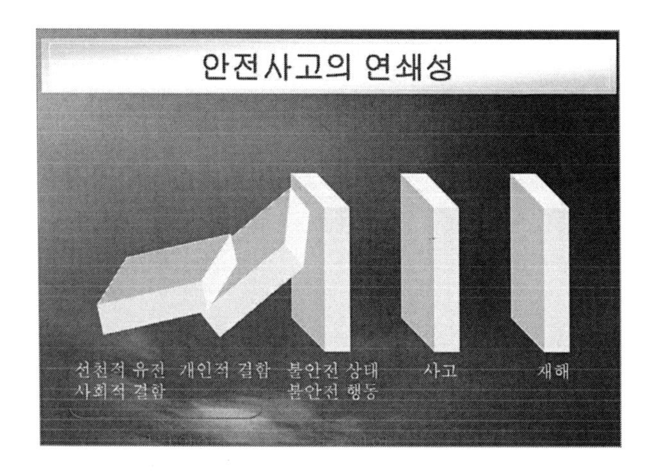

1. 선천적 결함
2. 개인적 결함
3. 불완전 행동, 불완전 상태
4. 사고
5. 재해

★
하인들은
선친(1)이 남겨준 개(犬, 2)나 마찬가지로,
불사(불교 행사, 3, 4)에 재사용(5)된다.

★
선천적 결함 = 사회적 환경 및 유전적 요소 = 유전과 환경

★
3번은 '행상'으로 암기한다.
(행상 : 물건 파는 사람)

⇨ 산업안전기사 필답형 2011년 5월 1일 시험문제

'하인리히'의 사고 방지 이론 5단계 암기방법

1단계 : 안전 조직
2단계 : 사실의 발견
3단계 : 분석
4단계 : 시정방법 선정
5단계 : 시정책 적용

★ 하인들의 이탈사고를 방지하기 위해,
먼저 안기부(국가 정보원)를 닮은 안전 조직(1)을 만들고
하인들이 룸싸롱 가는 사실을 발견(2)한 다음,
왜 갔는지를 분석(3)한다.
하인들의 버릇을 고치기 위해 시정방법을 선정하고(4),
(몽둥이를 하나 구입)
마침내 시정책을 적용(5)한다.
(하인을 개 패듯이 팬다)

★ '안 사 분 시 시'로도 암기한다.

할로겐 소화약제의 할로겐 원소 4가지 암기방법

1.
만약(IF)에
'할로겐'으로
브라자(Br)를
깨끗하게(Cl)
할 수 있다면…

2.
만약(IF)에
'할로윈' 축제로 더럽혀진 얼굴을
브라자(Br)로
깨끗하게(Cl)
닦을 수 있다면…

★
작성
1. 만약 : I, F (요오드, 불소/플루오르)
2. 브라자 : Br (브롬)
3. 깨끗하게 : Cl (염소)

Clear : 깨끗하게 하다
Brassiere : 브래지어

☞ 산업안전기사 필답형 2011년 7월 24일 시험문제

항타기 및 항발기의 안전작업수칙 4가지 암기방법

1. 작업반경 내 출입금지 조치
2. 작업반경 내 가설 울타리 설치
3. 인접한 고압전선의 방호조치
4. 지하 매설물 확인

★ 작업 시의 안전작업수칙은
항타기, 항발기 기계가 아닌
주변상황과 관련된 조치이다.

★ 반경(半徑) : '반지름'의 전 용어.
작업반경 : 근로자가 작업할 수 있는 범위.
매설물(埋設物) : 땅속에 파묻어 설치한 물건.

산업안전기사 작업형 2014년 3회 2부 시험문제

산업안전기사 작업형 2019년 2회 2부 시험문제

항타기 및 항발기의 조립 시 점검사항 3가지 암기방법

1. 권상기 설치상태의 이상 유무
2. 본체 연결부의 풀림 또는 손상의 유무
3. 버팀방법 및 고정상태의 이상 유무

★ 권상기 : 위로 감는 기계

★ 모두 '유무'로 끝남.

★ 추가 암기가 가능하면, 외워야 하는 사항

4. 권상용 와이어로프, 드럼, 도르래 부착상태의 이상 유무
5. 권상장치 브레이크, 쐐기장치 기능의 이상 유무

산업안전산업기사 작업형 2020년 4회 3부 시험문제

산업안전기사 작업형 2017년 2회 2부 시험문제

해체 장비와 작업자 사이의 이격 거리 암기방법

건물 해체공사 작업 중에,
작업자가 해체 장비와 충돌할 수 있으므로
'4m 이상' 떨어져 있어야 한다.

★
해체 장비는
'압쇄기'나 '대형 브레이커'를 말한다.

★
이격 거리(離隔 距離) :
안정성을 보장하기 위하여 띄워 놓는 거리.

★
해체 장비와 충돌 시 사망할 수 있으므로
죽을 사(死)자로 암기한다.

행정길이(왕복길이, Stroke) 40㎜ 이상, 분당 왕복수(매분 행정수, SPM) 120 이하(미만)에서 사용하는 프레스 방호장치

1. 손쳐내기식
2. 수인식

★

행정길이 40(사십)은 ㅅ만 사용한다. (손쳐내기식, 수인식)

☞ 산업안전기사 필기 2014년 2회 시험문제

화재 시 적응성 있는 소화기 암기방법

[보기]

① CO_2
② 건조사
③ 봉상수 소화기
④ 물통 또는 수조
⑤ 포 소화기
⑥ 할로겐 화물 소화기

(1) 전기 설비 : CO_2, 할로겐 화물 소화기

(2) 인화성 액체 : CO_2, 건조사, 포 소화기, 할로겐 화물 소화기

(3) 자기 반응성 물질 : 건조사, 봉상수 소화기, 물통 또는 수조, 포 소화기

★

전기 화재에는 물을 사용하면 안 된다.
전기 화재에는 포 소화기도 쓰이지 않는다.

★

전기 화재에는 때에 따라서
호스 형태가 아닌 무상(안개)의 분무기 형태가 쓰일 때가 있다.

★

유류 화재(인화성 액체)에도 물이 거의 쓰이지 않는다.

★

자기 반응성 물질은 일반 가연물과 마찬가지로
냉각 효과가 있는 물 관련 소화기가 주로 쓰인다.

★

건조사는 보통
모든 화재에 만능으로 쓰이는 편이다.

★

CO_2 = 이산화탄소
건조사 = 건조한 모래
수조 = 물을 담아 두는 큰 통
봉상수 = 관(호스)에서 뿜어내는 기둥 형태의 물
포 소화기 = 거품 형태의 소화기, 포말 소화기
할로겐 화물 소화기 = 할로겐 화합물 소화기
인화성 액체 = 석유류
자기 반응성 물질 = 폭발 위험성이 있는 물질

★

포 소화기(포말 소화기)는
일정 정도의 수분을 함유하고 있다.
(분말 소화기하고는 다름)

※ 산업안전산업기사 필답형 2013년 4월 21일 시험문제
산업안전기사 필답형 2014년 7월 6일 시험문제

'화학설비 또는 그 배관'의 '밸브나 콕'에 내구성이 있는 재료를 선정할 때의 고려사항

게이트밸브(슬루스밸브)

글로브밸브

앵글밸브

체크밸브(역류방지밸브)

볼밸브

버터플라이밸브

1. 개폐의 빈도
2. 위험물질 등의 종류
3. 위험물질 등의 온도
4. 위험물질 등의 농도

★

개폐(開閉) : 열고 닫음.
빈도(頻度) : 같은 현상이나 일이 반복되는 횟수.
농도(濃度) : 용액 등의 진함과 묽음의 정도.
내구성(耐久性) : 물질이 원래의 상태에서
변질되거나 변형됨이 없이 오래 견디는 성질.

★

화학설비가 내구성을 가지려면
개종(改宗, 1, 2)한 다음, 도(道, 3, 4)를 닦아야 한다.

산업안전기사 필답형 2012년 10월 14일 시험문제

환산 도수율을 쉽게 구하는 계산방식 1

★ 환산 도수율 = 도수율 ÷ 10

★ 환산 도수율 = $\frac{\text{재해건수}}{\text{연간 총 근로시간}}$ × 평생 근로시간(100,000)

도수율 값이 나온 문제는
먼저 10으로 나눠 환산 도수율을 구한다.

그다음
다음 단계를 진행한다.

- 문제 :
  어느 사업장의 도수율은 18.73이다.
  이 사업장에서 근로자 1명이 평생 작업하는 동안
  발생할 수 있는 재해건수를 구하시오.
  (단 1일 8시간, 월 25일 근무, 평생 근로시간 35년,
  연간 잔업시간 240시간으로 한다.)

  계산 :
  환산 도수율 = 18.73÷10 = 1.873

  $$1.873 = \frac{x}{(8 \times 25 \times 12 \times 35) + (240 \times 35)} \times 100,000$$

  x = 1.730652

  평생 작업하는 동안의 재해건수 : 2건
  (재해건수, 재해일수는 절상한다.)

★ 12 : 12개월(1년)

환산 도수율 공식이 생각이 안 날 때, 답을 쉽게 구하는 계산방식

★ 도수율 = $\frac{\text{재해건수}}{\text{연간 총 근로시간}} \times 1,000,000$

- **문제 :**

  어느 사업장의 도수율은 18.73이다.
  이 사업장에서 근로자 1명이 평생 작업하는 동안
  발생할 수 있는 재해건수를 구하시오.
  (단 1일 8시간, 월 25일 근무, 평생 근로시간 35년,
  연간 잔업시간 240시간으로 한다.)

  계산 :

  $$18.73 = \frac{x}{(8 \times 25 \times 12) + (240)} \times 1,000,000$$

  $x = 0.0494472$

  평생 근로년수를 곱해준다.
  $0.0494472 \times 35 = 1.730652$

  평생 작업하는 동안의 재해건수 : 2건

★ 12 : 12개월(1년)

☞ 산업안전기사 필답형 2016년 4월 19일 시험문제

환산 도수율을 쉽게 구하는 계산방식 2

도수율 값이 나오지 않은 문제는
먼저 도수율 값을 구한다.

그다음
10으로 나눠 환산 도수율을 구한다.

★
바로 환산 도수율을 구하려고 하면
헷갈릴 수 있다.

- **문제 :**
  연평균 근로자 800명, 잔업시간이 1인당 100시간인 사업장에서
  연간 재해가 60건 발생하였다.
  이 사업장에서 근로자 1명이 평생 작업한다면
  몇 건의 재해를 당할 수 있겠는가?

  계산 :

  $$\text{도수율} = \frac{60}{(800 \times 2400) + (800 \times 100)} \times 1{,}000{,}000 = 30$$

  환산 도수율 = 30÷10 = 3

  평생 작업하는 동안의 재해건수 : 3건

★
2400 :
1일 8시간, 월 25일, 12개월 근무
(1년 평균 근로시간)

ㅎ

황산이 체내에 유입될 수 있는 경로 3가지(작업형) 암기방법

황산(산 이름)에서는 비커 박사가 제2의 '호소자'를 키운다.
그 이름 '호소피'

1. 호흡기
2. 소화기
3. 피부 점막

★
크롬 취급작업에서,
크롬 화합물이 작업자의 체내에 유입할 수 있는 경로
('클놈'들은 '비커' 박사가 제3의 호소자로 키운다.)

1. 호흡기
2. 소화기
3. 피부 점막

:: 산업안전산업기사 작업형 2014년 2회 2부 시험문제
:: 산업안전산업기사 작업형 2019년 3회 1부 시험문제
:: 산업안전기사 작업형 2014년 2회 3부 시험문제

휴대용 연삭기의 방호장치명과 설치각도

1. 방호장치명 : 덮개

2. 설치각도 :
   덮개 노출각도 180도 이상 or 숫돌 노출각도 180도 이내

★
덮개 = 날접촉 예방장치 = 칼날접촉 예방장치

★
사람을 보호하는 덮개는
'이상'이어야 하고,
사람에게 상해를 입힐 수 있는 숫돌은
'이내(이하)'이어야 함에 유의할 것.

★
숫돌은 많이 노출되면 위험하므로,
숫돌 노출각도는 '~ 이내'
덮개는 많이 덮을수록 안전하므로,
덮개 설치각도는 '~ 이상'이 된다.
(안전 - 이상, 위험 - 이내)

산업안전기사 작업형 2021년 3회 2부 시험문제
산업안전기사 작업형 2022년 2회 1부 시험문제

휴먼 에러의 심리적 분류 암기방법

기사 사진

1. 누설 오류 = 생략 오류 = 부작위 오류(누생부)

‘윤석열’을 10대 때리려다 대통령이라서 5대만 때림 → 생략 오류
대통령을 때려서 부자연스러움 → 부작위 오류
대통령을 때린 것이 누설됨 → 누설 오류

2. 작위 오류 = 행동 오류(작행)

‘윤석열’을 때리려다 ‘김건희’ 때림 → 작위 오류
잘못 때린 것 같지만, 실제로는 때리려고 했음 → 행동 오류

3. 과잉행동 오류 = 선택 오류(과선)

‘윤석열’ 대통령만 욕해야 하는데, ‘김건희’까지 욕함 → 과잉행동 오류
‘김건희’까지 욕한 건 잘못된 선택임 → 선택 오류

» 산업안전기사 필답형 2016년 4월 19일 시험문제
» 산업안전기사 필답형 2018년 4월 14일 시험문제

휴식시간 공식 암기방법

$$휴식시간 = 60 \times \frac{작업 - 평균}{작업 - 휴식}$$

★

'휴식시간 = 60 작평 작휴'로 암기할 것.

★

$$휴식시간(R) = \frac{60 \times (E - 5)}{E - 1.5}\ (분)$$

1.5 : 휴식 중의 에너지 소비량

5 : 보통 작업에 대한 평균 에너지

60(분) : 작업시간

E : 작업 시 필요한 에너지

☞ 산업안전산업기사 필답형 2013년 4월 21일 시험문제

☞ 산업안전산업기사 필답형 2015년 10월 3일 시험문제

☞ 산업안전기사 필답형 2014년 7월 6일 시험문제

☞ 산업안전기사 필답형 2017년 10월 19일 시험문제

흙막이 지보공(터널 지보공) 설치 후, 정기적 점검사항 4가지 암기방법

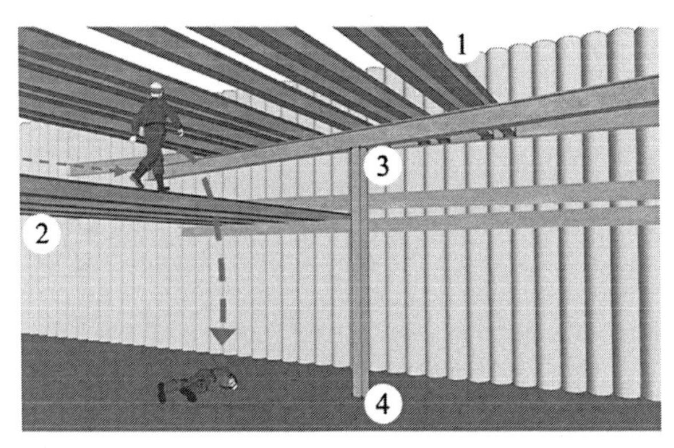

1. 부재의 손상, 변형, 부식, 변위, 탈락의 유무와 상태
2. 버팀대의 긴압의 정도
3. 부재의 접속부, 교차부, 부착부의 상태
4. 침하의 정도

★ 앞 글자를 따서
'북어 부침(부 버 부 침)'으로도 암기할 것.

★ 1번은 '손 변 부 변 탈'로 암기할 것.
3번은 '접대부 → 접교부'로 암기할 것.

★ 긴압(緊壓) : 단단하게 압축함.

★ '정기적 점검사항' 또는 '점검해야 할 사항'으로 문제가 나옴.

★ '터널 지보공'에서는 '부착부'가 생략되어 있다.
4번이 다소 다르다.

1. 부재의 손상, 변형, 부식, 변위, 탈락의 유무와 상태
2. 부재의 긴압의 정도
3. 부재의 접속부, 교차부의 상태
4. 기둥 침하의 유무 및 상태

★ '흙막이 지보공(터널 지보공) 설치 후, 정기적 점검사항'은
주로 '흙막이 지보공'이 시험문제로 출제가 되므로
'흙막이 지보공' 위주로 암기할 것.

산업안전산업기사 필답형 2017년 7월 13일 시험문제
산업안전산업기사 필답형 2021년 7월 11일 시험문제
산업안전산업기사 작업형 2018년 1회 1부 시험문제
산업안전기사 필답형 2019년 10월 12일 시험문제
산업안전기사 작업형 2018년 2회 1부 시험문제

1급 방진 마스크를 착용하여야 하는 작업장소의 종류 암기방법

1. 특급 마스크 착용장소를 제외한, 분진 발생 장소
2. 금속흄 등과 같이, 열적으로 생기는 분진 발생 장소
3. 기계적으로 생기는 분진 발생 장소(규소 제외)

★ 1급 방진 마스크는 '특급 금속 기계'로 만든다.
('특 금 기'로도 암기할 것)

★ 흄(fume) : 금속 먼지, 금속 증기

★ 열적으로 생기는 분진은 용접으로 생기는 분진을 말한다.

★ 기계적으로 생기는 분진은 공작기계, 그라인더로 생기는 먼지를 말한다.

★ '기계, 규소'는 모두 ㄱ이라는 것을 유의할 것.

☞ 산업안전기사 필답형 2016년 10월 5일 시험문제

DMF(디메틸포름아미드) 취급작업 시 작업자가 착용해야 할 보호구 암기방법

1. 보안경
2. 방독 마스크
3. 화학물질용 보호복
4. 화학물질용 안전장갑
5. 화학물질용 안전화

★ '위 → 아래' 순서대로 암기한다.

★ '보호복, 불침투성 보호장갑, 안전장화, 화학물질용 보호장화,
안전장갑' 등으로 썼을 때,
이해하기 복잡하여 틀리게 처리할 수도 있으므로
그냥 '화학물질용'으로 통일할 것.

★ '화학물질용 안전복, 화학물질용 안전장화, 화학물질용 보호장화'라고
쓰면 틀림.

★
'고글형 보호안경'은
석면 취급작업(브레이크 라이닝 패드 등) 등에
사용한다.

★ 방독 마스크도 '호흡용 보호구' 등으로 쓰지 말고,
그냥 '방독 마스크'로 통일할 것.

※ 동일한 보호구를 착용해야 하는 작업

1. 유기용제 취급작업
2. 화학물질 실험
3. 비커에 담긴 황산을 옮기는 작업
4. 자동차 부품 도금 후 세척작업
5. 크롬 도금작업
6. 도료 및 용제 취급작업(페인트)
7. 변압기를 유기 화합물에 담가 절연처리한 후 건조하는 작업
8. 브레이크 라이닝 패드를 화학물질에 담그는 작업(석면작업 아님)

산업안전기사 작업형 2014년 2회 3부 시험문제

산업안전기사 작업형 2017년 1회 2부 시험문제

A

Fool Proof 기구의 종류 암기방법

1. 가드(guard)
2. 록(lock) 기구
3. 기동방지 기구
4. 트립(trip) 기구
5. 오버런(over run) 기구

★ 바보(Fool)는 가로로 길을 튼다오(가 - 록 - 기 - 트 - 오).

★ 5번은 '트랩 기구'가 아님에 유의할 것.

☞ 산업안전산업기사 필답형 2015년 4월 18일 시험문제

☞ 산업안전산업기사 필답형 2020년 5월 24일 시험문제

FT 각 단계별 순서 암기방법

FT 각 단계별 순서를 나열하였다. 올바른 순서대로 번호를 적으시오.

[보기]

① 정상사상의 원인이 되는 기초사상을 '분석'한다.
② 정상사상과의 관계는 논리게이트를 이용하여 '도해'한다.
③ 분석현상이 된 시스템을 '정의'한다.
④ 이전단계에서 결정된 사상이 조금 더 전개가 가능한지 '검사'한다.
⑤ 정성·정량적으로 해석 '평가'한다.
⑥ FT를 '간소화'한다.

정답 : ③ → ① → ② → ④ → ⑥ → ⑤(정 분 도 검 간 평)

★ '정분이 난 사람의 도검을 간소하게 평가한다.'로 암기한다.
(불륜을 저지른 사람이 만든 칼을 저평가한다.)

☞ 산업안전기사 필답형 2016년 7월 12일 시험문제

FT도를 정확하게 외워서 그리는 방법

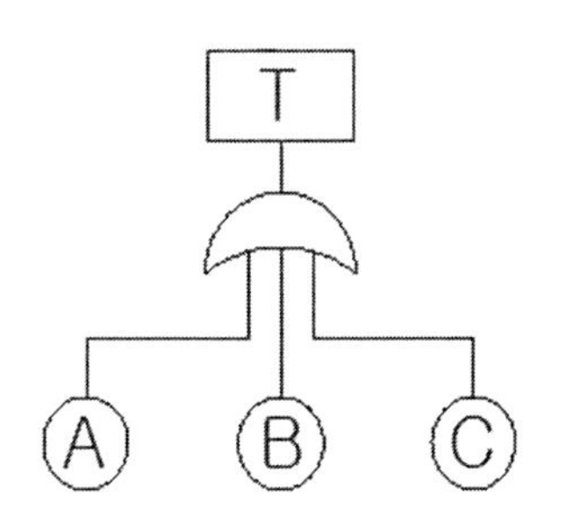

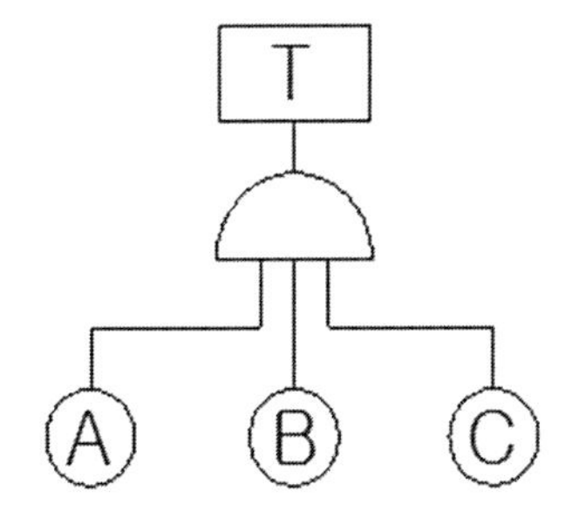

1. 맨 아래에 지구(원)를 그린다.
2. 중간에 달(반원 or 초승달)을 그린다.
3. 맨 위에 사각형(우주선)을 그린다.
4. 세 곳을 직선으로 연결한다.

★ 무턱대고 그냥 그리게 되면 엉터리 그림이 만들어질 수 있다.

★ 반원 : 직렬
초승달 : 병렬

★ 사각형 우주선 = 레이다 우주선 = 통신 위성

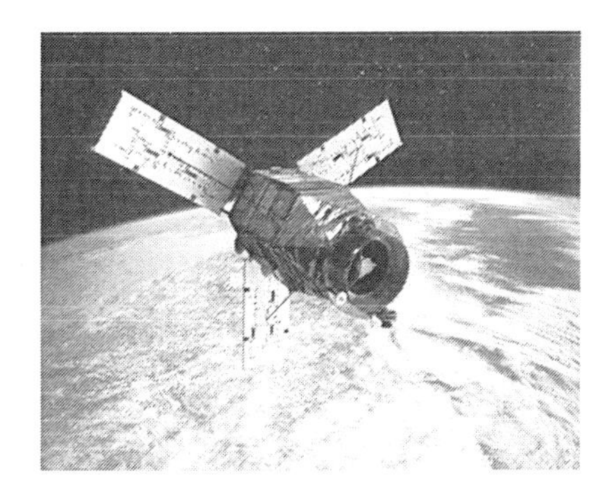

산업안전산업기사 필답형 2014년 7월 6일 시험문제

LPG 장소 설치용 '가스누출 감지경보기' 검지센서의 설치 위치와 경보 설정치

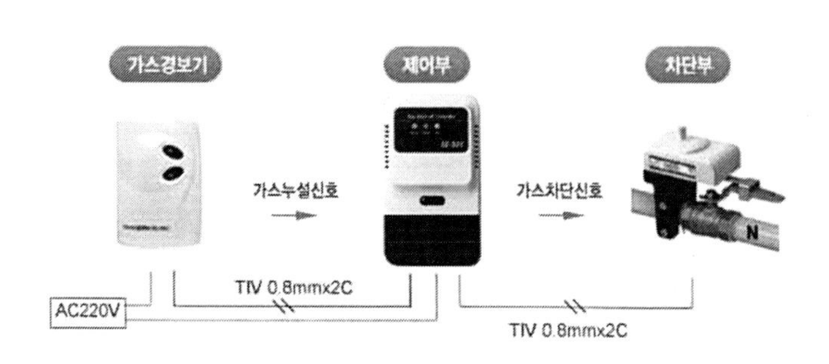

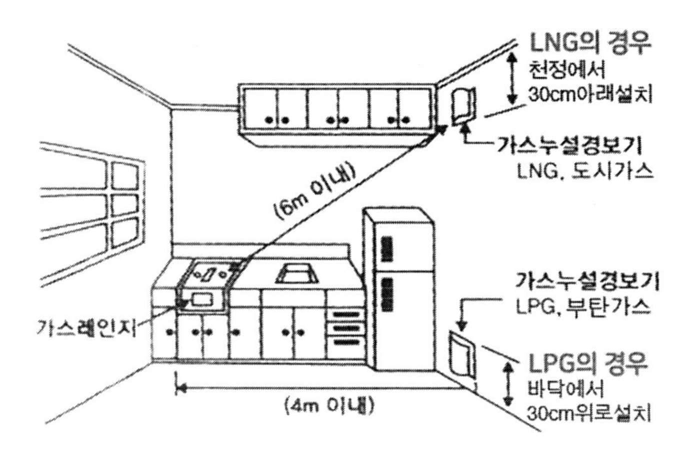

1. 바닥에 인접한, 낮은 곳
2. 폭발 하한계의 25% 이하

☞ 산업안전기사 작업형 20178년 2회 1부 시험문제

MCC 패널 차단기 감전재해 방지대책 암기방법

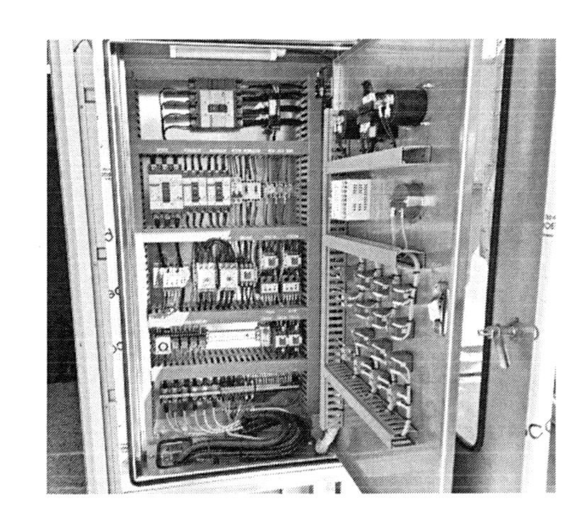

- 문제 :

  스피커를 통해

  작업지시(점검작업으로 전원 차단)가 전달되고 있으나,

  작업자는 지시사항을 정확히 듣지 못하고

  MCC 패널 차단기의 전원을 투입하여, 감전재해가 발생했을 때

  재해 방지대책을 적으시오.

정답 :

1. 차단기함에 '잠금장치' 및 '통전금지 표찰'을 부착하여,
   담당자 외의 조작을 금지한다.
2. 무전기 등 연락장비를 사용하여, 상호연락을 철저하게 한다.
3. 작업자에게 전기 안전교육을 실시한다.

★ '잠금장치 → 무전기 → 교육' 순으로 암기한다.
(차단기함 가까운 곳 → 먼 곳)

★ MCC(Motor Control Center) : 전기 제어설비들이 들어 있는 판넬
통전금지 표찰 = 꼬리표

산업안전기사 작업형 2013년 2회 2부 시험문제

산업안전기사 작업형 2018년 2회 3부 시험문제

MTBF, MTTF, MTTR 암기방법

1. MTBF(Mean Time Between Failure)
   1) 수리가 가능한 제품
   2) 고장 → 수리 → 사용 → 고장 날 때까지의 시간
   3) 수리 시간 + 재사용 시간(평균 고장 간격)
   4) 1회용을 제외한, 대부분의 전자제품

2. MTTF(Mean Time to Failure)
   1) 수리가 불가능한 제품
   2) 새 제품 사용에서 처음 고장 날 때까지의 시간
   3) 평균 수명 시간
   4) 1회용 라이터(중간에 고장 나도 못 고침)

★ MTTF :
수리가 불가능하기 때문에
일단 한번 고장 나면, 두 눈(TT)에서 눈물이 흐름.

3. MTTR(Mean Time to Repair)
   1) 수리가 가능한 제품
   2) 고장난 제품을 맡긴 후, 되찾을 때까지의 시간
   3) 평균 수리 시간
   4) AS센터나 수리점에서 소요되는 시간

★ repair [리페어] : 수리하다, 바로잡다.

☞ 산업안전산업기사 필답형 2015년 4월 18일 시험문제
☞ 산업안전산업기사 필답형 2020년 10월 17일 시험문제

omission error와 commission error의 구분방법

omission error :
co(코)를 빼먹음(빠뜨림, 생략함).

commission error :
co(코)가 있어도
코를 딴 곳에 처박는 엉뚱한 행동을 함.

★
commission error는 co(코)가 있어서 작위를 하사받음.
→ 작위 오류

omission error는 co(코)를 빼먹거나 빠뜨려서 작위를 빼앗김.
→ 부작위 오류

- **예제 :**
  다음 보기를 각각
  omission error와 commission error로 구분하시오.

  ① 납 접합을 빠뜨렸다.
  ② 전선의 연결이 바뀌었다.
  ③ 부품을 빠뜨렸다.
  ④ 부품을 거꾸로 배열했다.
  ⑤ 틀린 부품을 사용하였다.

  정답 :
  ① omission error
  ② commission error
  ③ omission error
  ④ commission error
  ⑤ commission error

산업안전기사 필답형 2012년 4월 22일 시험문제

safe-t-score 공식 암기방법

$$safe-t-score = \frac{현재빈도율 - 과거빈도율}{\sqrt{\frac{과거빈도율}{연근로시간수} \times 10^6}}$$

과거와 현재의 안전에 대해 성적을 내어, 비교/평가하는 기법.

★

'현재'와 '과거'를 비교하니
'과거'에는 '연(연줄)'과 '빽(배경)'이 필요했다.
(빽은 100만을 가리킨다.)

★

√(루트)는 10^6(1,000,000)까지 포함한다.

★

빈도율 = 도수율
연 근로시간 = 총 근로시간 = 현재 근로 총시간

★

분수는 분자를 먼저 읽고,
분모를 나중에 읽는 방식으로 암기한다.

★

safe-t-score의 계산값이
+2 이상이 되면
과거보다 안전이 심각하게 나빠진 상태를 의미한다.
(안전대책이 시급히 요구된다.)

산업안전기사 필답형 2007년 3회차 시험문제

U자걸이용 안전대의 구조기준 암기방법

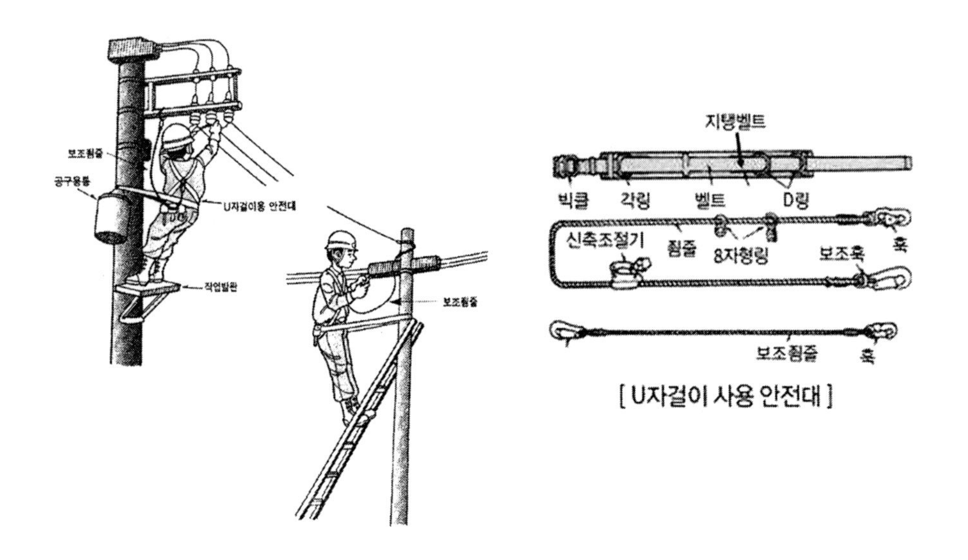

[U자걸이 사용 안전대]

1. 신축 조절기는 죔줄로부터 이탈하지 않도록 할 것.
4. 신체의 추락을 방지하기 위하여 보조죔줄을 사용할 것.
3. D링, 각링은 안전대 착용자의 동체 양 측면의 해당하는 곳에 위치해야 한다.
2. 지탱 벨트, 각링, 신축 조절기가 있을 것.

★ 신축 조절기 → 보조 죔줄 → D링/각링 → 지탱 벨트
(착용자 먼 쪽에서 착용자 가까운 쪽 순으로)

★ 신축 조절기 :
죔줄의 길이를 조절하기 위해 죔줄에 부착된 금속장치

★ 죔줄 = 로프
'동체'는 '몸통'을 의미한다.
'지탱 벨트' 대신 '동체 대기벨트'라고 써도 된다.

산업안전기사 필답형 2017년 4월 27일 시험문제

V벨트 교환작업 시의 안전작업수칙 3가지 암기방법

1. 전원을 차단하고, 벨트를 교환한다.

2. '보수 중' 표지판을 부착한다.

3. 천대장치를 사용한다.

★ 위험점 : 접선 물림점

★ '천대장치'는 아래쪽에 놓여 있어서, 천대한다(푸대접함)고 암기한다.

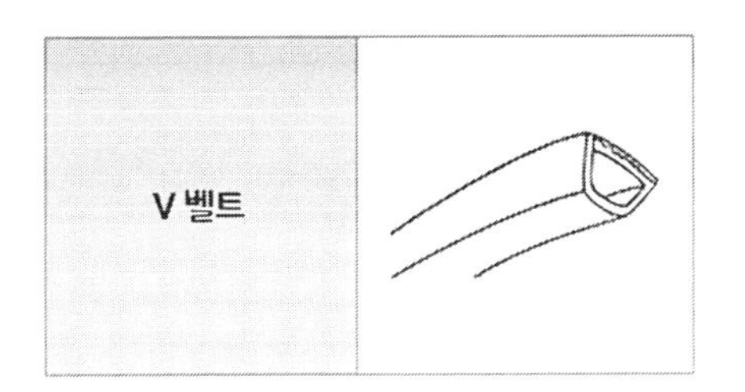

★
V벨트가 기계의 풀리 안쪽으로
맞물리므로
접선해서 물린다고 기억한다.

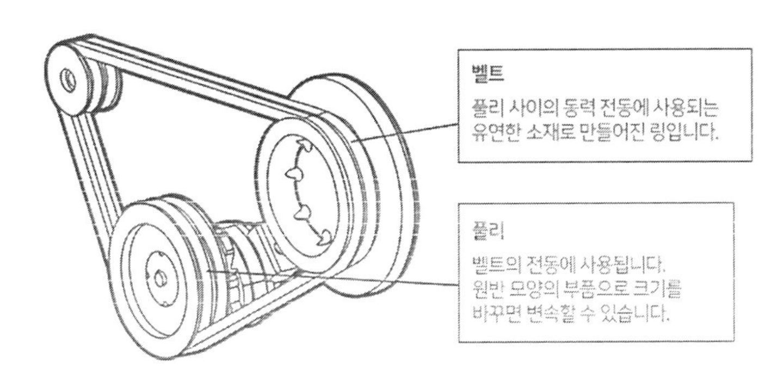

벨트
풀리 사이의 동력 전동에 사용되는
유연한 소재로 만들어진 링입니다.
풀리
벨트의 전동에 사용됩니다.
원반 모양의 부품으로 크기를
바꾸면 변속할 수 있습니다.

A

★ **천대 장치** :

V벨트의 교환 시 벨트와 풀리의 고정으로 장력을 해제하여 탈거할 수 있도록 하는 V벨트 전용 교체기구.
(Belt installation tool)

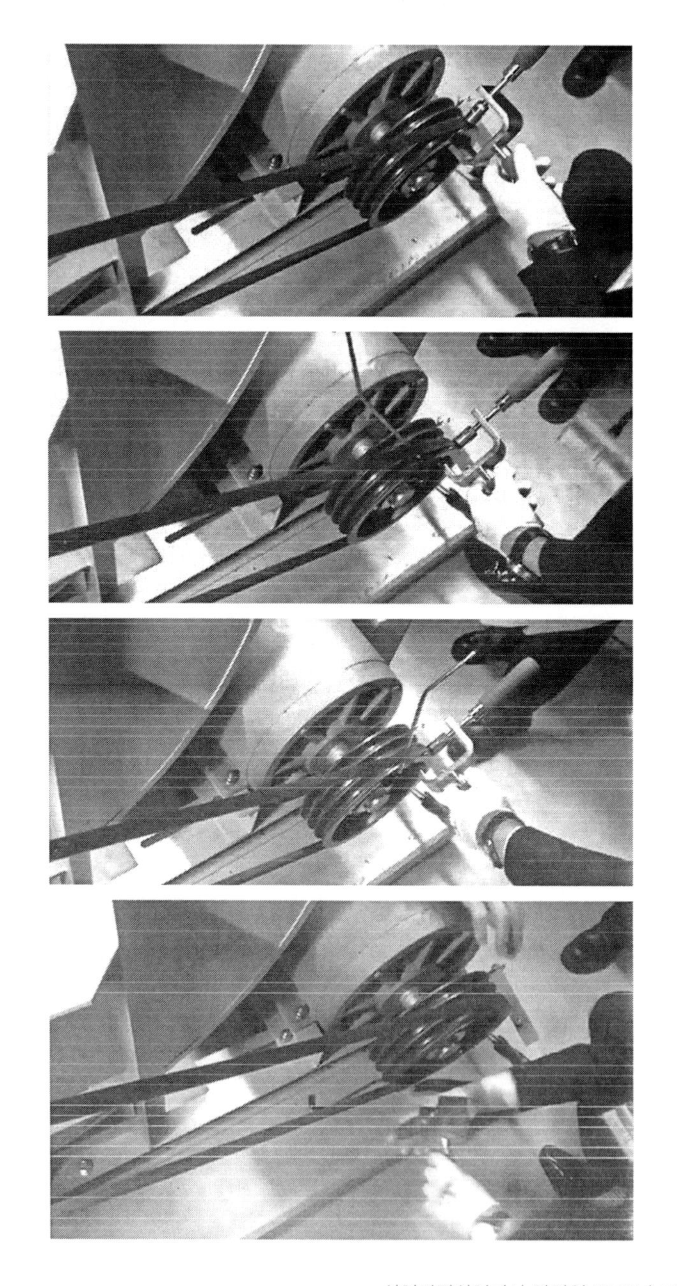

산업안전산업기사 작업형 2016년 1회 1부 시험문제

참고 문헌

★ 단행본

만화로 보는 산업안전보건 기준에 관한 규칙(고용노동부)
산업안전기사 필기, 실기(구민사)
산업안전산업기사 필기, 실기(구민사)

★ 웹사이트

대한산업안전협회 블로그
미디어데일 사이트
서울신문 사이트
세이프넷 사이트
안전닷컴 사이트
안전보건공단(KOSHA) 사이트
안전저널 사이트
오이행의 관심만땅 창고 블로그